CURAR CASAS ENFERMAS
En busca de casas sanas

Ron y Ann Procter

CURAR CASAS ENFERMAS

En busca de casas sanas

EDICIONES OBELISCO

Si este libro le ha interesado y desea que le mantengamos informado de nuestras publicaciones, escríbanos indicándonos qué temas son de su interés
(Astrología, Autoayuda, Ciencias Ocultas, Artes Marciales, Naturismo, Espiritualidad, Tradición...), y gustosamente le complaceremos.

Puede consultar nuestro catálogo en: http://www.edicionesobelisco.com

CURAR CASAS ENFERMAS
Ron & Ann Procter

1.ª edición: mayo de 2003

Título original:
Healing Sick Houses

Traducción: *Mireia Terés Loriente*
Diseño portada: *Michael Newman*

© 2000 by Roy & Ann Procter
Primera edición por Gill & Macmillan
Publishers, Dublín, Irlanda
(Reservados los derechos)
© 2003 Ediciones Obelisco, S. L.
(Reservados todos los derechos)

Edita: Ediciones Obelisco, S. L.
Pere IV, 78 (Edif. Pedro IV), 4a planta, 5a puerta
08005 Barcelona - España
Tel. (93) 309 85 25 - Fax (93) 309 85 23

Castillo, 540. Tel. y Fax 541-14-771 43 82
1414 Buenos Aires - Argentina
E-mail: obelisco@edicionesobelisco.com

Depósito Legal: B-8.527-2003
ISBN: 84-9777-003-X

Printed in Spain

Impreso en España en los talleres de Romanyà/Valls, S.A., de Capellades (Barcelona)

Ninguna parte de esta publicación, incluso el diseño de la cubierta, puede ser reproducida, almacenada, transmitida o utilizada en manera alguna por ningún medio, ya sea electrónico, químico, mecánico, óptico, de grabación o electrográfico, sin el previo consentimiento por escrito del editor.

*De Ann a Roy
y de Roy a Ann,
en agradecimiento por nuestros
cuarenta y seis años de matrimonio
que han sido el pilar de este libro.*

AGRADECIMIENTOS

Muchas gracias a Bruce MacManaway por hacer que nos embarcáramos en esta aventura. Nos alegramos mucho que Patricia, su viuda, y Patrick, su hijo, nos animaran a seguir adelante. Agradecemos infinitamente las oportunidades y explicaciones que a lo largo de los años nos han brindado profesores, estudiantes, clientes y socios. Le damos las gracias a nuestro buen amigo Alick Bartholomew, un extraordinario editor, por guiarnos durante las cruciales semanas previas a la cristalización de esta publicación. Queremos también expresar nuestra inmensa gratitud a Sig Lonegren, un respetado profesor y colega, que hizo contribuciones que no tienen precio cuando nos íbamos por las ramas; a nuestra hija Ruth, por revisar el manuscrito y hacer sugerencias; y a nuestra hija Jane, que dibujó las casas felices y tristes que se han convertido en nuestro logo. El libro ha ganado de manera inconmensurable con las historias personales del Capítulo 7, y estamos tremendamente agradecidos a todas las personas que las han compartido con nosotros.

Prólogo

Los usos de la medición se han intensificado en los últimos treinta años. Mi madre me enseñó a medir a finales de los años cincuenta, pero no fue hasta principios de los setenta que empecé a trabajar en serio con la geomancia y la medición de espacios. En aquella época noventa y nueve personas de cada cien no habían oído hablar nunca de la «medición», y si lo habían hecho, lo asociaban al uso de un palo ahorquillado que se usaba para excavar en el suelo en busca de agua potable.

Desde entonces, la conciencia de las diversas maneras de usar la medición se ha extendido rápidamente. Ahora, la palabra «medición» evoca imágenes de aceites y tesoros, a través de la salud, para comprobar si la fruta de la tienda está lo suficientemente madura, para hacer preguntas cuyas únicas respuestas pueden ser «sí» o «no», para sus usos en la geomancia en espacios tanto sagrados como profanos.

Fue esta última palabra, «geomancia», la que me atrajo a principios de los años setenta. Bruce McManaway fue la persona que, por lo que yo sé, personificaba la base principal de lo que yo llamaría el «resurgimiento moderno del interés hacia el arcaico arte de la geomancia». Bruce descubrió sus habilidades para la medición en Dunkirk durante la Segunda Guerra Mundial. Sus soldados heridos necesitaban atención médica urgente y su unidad se había quedado sin el material necesario, así que usó lo que tenía: sus manos. Y funcionaron. Bruce siguió trabajando de esta forma hasta convertirse en uno de los sanadores más reputados del pasado siglo xx. Desde su Westbank Healing Centre en Strathmiglo, en el condado de Fife, Escocia, Bruce empezó a enseñar todo lo que había aprendido, incluyendo los arreglos y mediciones, tanto de casas como de personas.

•• Curar casas enfermas

Cuando cursaba el máster sobre Espacios Sagrados a finales de los setenta, uno de mis profesores era Terry Ross, que más tarde se convertiría en presidente de la Asociación Americana de Medidores. Había estudiado con Bruce MacManaway. Roy y Ann Procter, como descubrirás en este libro, también estudiaron con Bruce. A pesar de que compartimos el mismo punto de partida con Bruce MacManaway, hemos seguido caminos distintos. Mi trabajo geomántico se centró en los espacios sagrados. Trabajé con el Stonehenge, el Machu Pichu y Mesa Verde, centrándome sobre todo en las enigmáticas cavidades subterráneas de Nueva Inglaterra que mostraban todas las características que había descubierto en las localizaciones más famosas. Estaban, como Stonehenge, orientadas hacia eventos astronómicos horizontales muy significativos; se construyeron, como el templo de Salomón o la catedral de Chârtres, bajo los principios geométricos sagrados. Esas cavidades, la mayoría en mi Estado natal de Vermont, tenían los mismos esquemas que las energías terrenales —campos energéticos y aguas subterráneas primarias— que he descubierto en los espacios sagrados de la Reforma preprotestante por todo el mundo.

Los Procter se han centrado en los aspectos más laicos de la geomancia: las casas y los negocios. Ambos campos requieren distintas habilidades. Si estás trabajando en casa de alguien, posiblemente no necesites saber por qué ángulo saldrá el sol del solsticio de verano si tomamos un ángulo de elevación de tres grados en el horizonte del noreste. Por otro lado, este libro contiene muchas sugerencias que jamás se le ocurrirían a alguien que estuviera construyendo un espacio sagrado. Hay muchos tipos de energías en una casa en las que uno no piensa cuando visita un lugar como Averbury.

He desarrollado una hipótesis que aplico cuando observo los resultados de una medición de energías intangibles, como las «energías terrestres» de las que hablan Roy y Ann. Yo la llamo «hipótesis número uno de Sig»: aunque dos medidores compartan al mismo profesor, las posibilidades de que encuentren lo mismo cuando midan espacios intangibles son exiguas. Para mí, esto se confirma en este libro. Debido a que todos compartimos el mismo profesor (Bruce), vemos de manera muy parecida los principios que aquí se discuten. Sin embargo, hay diferencias. Por ejemplo, yo pongo

Prólogo

mucho más énfasis en las aguas subterráneas primarias como fuente potencial de tensiones geopáticas. Ann y Roy apenas mencionan el agua. Y está bien, porque es así como ellos lo ven. Parece que, al final, vemos lo intangible de modo distinto.

Los autores han elegido definir sus objetivos con términos, que al principio también me afectaban a mí porque son muy generales, como «líneas energéticas», «objetos con poder» y «energías terrenales». He pasado los últimos treinta años de mi vida intentando ser lo más específico posible: «campos energéticos», «venas de agua primaria», «cúpulas» (en Inglaterra, algunos las llaman «manantiales ciegos»). Lo he hecho para acercar lo máximo posible estas energías a lo material. Casi puedes tocarlas. La energía que a veces se encuentra moviéndose simultáneamente por un campo tiene que ir en línea recta porque eso es lo que dice el principio de la definición de un campo: una alineación perfectamente recta de lugares sagrados. Hay otros medidores que ven estas venas y cúpulas, y abren las venas en busca de agua potable. Sentí que la habilidad para ver líneas rectas en un paisaje y cavar en un punto determinado hacían que estas energías fueran más fáciles de ver y relacionar para los demás.

Sin embargo, por favor, recuerda que todo el mundo encuentra algo distinto. ¡Todo el mundo! Esa es la razón por la que existen tantas religiones y subdenominaciones dentro de ellas mismas. «En este momento de la misa, yo me levanto.» «¡No, nosotros creemos devotamente que en este momento debes estar de rodillas!» Todos vemos al Ser intangible de modos distintos. Al final he descubierto que el uso de los términos energéticos específicos que usan los Procter no son una falta de especificidad, sino que en realidad hacen que, para los medidores intangibles como yo, sea más fácil seguir lo que están diciendo. Una «línea energética» puede ser cualquier cosa. Todos los medidores que conozco encuentran líneas energéticas de un tipo u otro. Sucede lo mismo con las «energías terrenales», sobre todo en los espacios sagrados, todos encuentran energías ahí.

Un «objeto con poder» es eso, un objeto con poder. Sin embargo, mientras estos términos significan algo para todos nosotros, no nos parecen ni nos parecerán siempre lo mismo. De modo que considero que el uso de términos generales para describir esas energías en las «casas tristes» es, en realidad, bastante liberador, y muchos otros medidores deberían ser capaces de escuchar los buenos consejos de este libro. El lector experimentado no dirá: «No, yo no encuentro eso», porque los términos generales lo incluyen casi todo. ¡Funcionan!

Por favor, no creas que, si jamás has sostenido un péndulo en medio de una habitación, la lectura de este libro vaya a convertirte en un geomante eventual. Las directrices para la medición aparecen hacia el final del libro, pero la medición geomántica requiere mucho tiempo, sensibilidad y práctica. Por otro lado, este libro ofrece una perspectiva general sólida de la geomancia laica europea moderna. Hay muchos ejemplos extraídos de la larga experiencia profesional de Roy y Ann al servicio de curar ambientes. Estas historias no sólo son interesantes, sino que muchas demuestran otros modos en que se puede medir una casa para curarla que no son propicios para el crecimiento y la salud de sus habitantes.

Este es un libro tanto para principiantes como para geomantes en activo. Los principiantes se quedarán con la perspectiva general, una meticulosa exposición de lo que implica trabajar con «casas enfermas». Los geomantes en activo encontrarán un buen número de consejos útiles y prácticos.

Vas a empezar una lectura estupenda. ¡Yo la disfruté a fondo!

SIG LONEGREN
Glastonbury, febrero de 2000

Introducción
Extracto típico de unos días de nuestras vidas

Suena el teléfono: una señora ha oído que curamos casas enfermas. A su casa le pasa «algo malo» y una amiga le ha dicho que nosotros podíamos ayudarla. Intentamos averiguar un poco más sobre ese «algo malo» y le explicamos lo que tendríamos que hacer para arreglarla. Acabamos comprometiéndonos a medir su dirección y le decimos que más adelante le comunicaremos si nuestro tipo de medición sería el apropiado. Si lo fuera, le pediremos un plano de la planta baja de su casa, con el jardín o los alrededores más inmediatos.

El teléfono suena otra vez: un hombre ha ido al médico, y le han hecho unas pruebas alérgicas y otros tests, diciéndole que sufre tensión geopática. El médico le ha dado nuestra propaganda impresa. Más historias, más explicaciones y nuestro habitual compromiso.

Y el teléfono vuelve a sonar (¿tendré alguna vez la cena sobre la mesa?). Esta persona ha estado fuera algún tiempo en casa de un familiar, y cuando ha regresado se ha dado cuenta de lo deprimente que es su casa: es como adentrarse en una niebla espesa y oscura. Su vecina ha visto una entrevista que nos hicieron en el periódico... La misma combinación que antes.

El correo llega hacia el mediodía. Vivimos al final de una larga ruta rural. Empezamos por separar entre correo personal, trabajos con energías terrenales, cartas para leer más tarde y correo basura (¡qué lastima por los árboles malgastados para esto!). Hoy hay dos investigaciones sencillas y preparamos las cartas y paquetes habituales para el correo de mañana.

Hay una carta de diez páginas de una señora que hace tiempo que tiene ME (Encefalomielitis Miálgica —*véase* Glosario—), que nos ha dibujado su casa en la última media página. Parece más un plano frontal que un plano llano y tendremos que pedirle algo más preciso con lo que podamos trabajar.

En el sobre hay detallados planos de arquitectos, con notas sobre los desagües y una breve nota: «Nos trasladamos hace seis meses y toda la familia se ha puesto enferma. Por favor, curar lo antes posible».

Ahora una carta de alguien en cuya casa trabajamos hace un mes: los niños estuvieron muy inquietos durante un par de días después de la medición pero ahora están mucho mejor de lo que nunca habían estado. Por fin el hijo pequeño puede dormir durante toda la noche y los otros dos comen bien y van a la escuela muy contentos. ¡Menos mal! Ha enviado una donación. Dios los bendiga.

Hay una carta de la secretaria de un grupo local pidiéndonos que aprobemos un párrafo de su programa. ¡Ah, sí!, acordamos dar una charla sobre nuestro trabajo. Parece fácil cuando todavía faltan unos meses, pero a medida que se acerca la fecha la agenda parece más y más llena.

Más llamadas: «¿Han medido mi casa esta mañana? De repente, después del desayuno me he sentido más ligera y me he pasado la mañana limpiando los armarios de la cocina. ¡Es increíble, no me siento nada cansada!». La medimos. Felicitaciones por toda la casa.

Otra vez el teléfono: un periódico nacional quiere entrevistarnos para el suplemento especializado en salud. La última vez que hicimos esta clase de publicidad recibimos más de 800 peticiones, más de la mitad pidiendo una medición *ya*. Todavía no nos hemos puesto al día con todo el trabajo atrasado, así que le pedimos al periodista que nos llame dentro de un par de meses. No tiene sentido dar esperanzas a la gente de que se puede hacer algo y luego hacerles esperar una eternidad.

Luego nos llama un señor muy preocupado: su mujer y él acaban de llegar del Centro de Ayuda contra el Cáncer de Bristol (donde Ann solía trabajar). Uno de los doctores les ha dicho que en su dormitorio, por lo que él ha podido medir, hay energías terrenales negativas. El sistema inmunológico de la paciente se ve afectado y su recuperación corre peligro. Un trabajo urgente. Le sugerimos que nos envíe el plano de su casa inmediatamente. ¿Tiene fax? Veinte minutos más tarde lo recibimos, listo para nuestra próxima sesión de medición.

Introducción

Los sistemas de telecomunicaciones proliferan hoy en día. Leyendo los correos electrónicos, encontramos uno de una mujer que acudió a nuestro curso de medición, y a la que medimos la casa. Nos pregunta si la casa que se están construyendo en Provence también necesita una medición.

Además, también hay un breve mensaje de una casa vendida, con promesa de una donación. La casa llevaba a la venta dos años y habían tenido muchas visitas pero ninguna oferta. El día después de la medición, les llegó una buena oferta y la aceptaron. Nosotros nos alegramos que la venta siga su curso.

* * *

Este libro explica cómo se ha desarrollado este trabajo, además de los porqués de nuestra práctica actual. Es un proceso de aprendizaje muy interesante, y de ningún modo queremos que el libro cristalice el trabajo de forma que lo inhiba de poder fluir hacia un futuro más esperanzador.

La Dra. Jean Hardy, escritora de libros sobre psicología, se estaba preguntando «¿Qué es una persona?» o «¿Quién soy?» cuando se le ocurrió que la definición podría ser: «Soy un objeto temporal». Este libro es sencillamente eso: describe acontecimientos, experiencias, descubrimientos y pensamientos a lo largo del desarrollo de nuestras habilidades en medir y curar espacios y personas; sin embargo, no es la última palabra porque es un desarrollo continuado. Si te parece que alguna de nuestras explicaciones no es lo suficientemente clara o precisa, puede que se deba, en parte, a nuestra poca habilidad para explicar lo que está ocurriendo, pero también se debe a que estos temas no permiten demasiada claridad ni precisión. Utilizamos nuestros pedazos de claridad y precisión en nuestras sesiones de medición y curación. Para enseñarlo o describirlo a otra gente preferiríamos ofrecer lo que hemos ido descubriendo, y sugeriríamos a todos que cada uno cogiera lo que le fuera más útil para su vida y su trabajo. Esperamos que disfrutes con nuestras historias e ideas, y con las descripciones de las señales de nuestro camino, y que encuentres algo que te pueda servir en tu propia búsqueda.

Nota de los autores

En este libro, la palabra «energía» se ha usado en locuciones como «energía terrenal», «energía curativa», etc. Se debe más al uso común que a lo científicamente correcto. No nos estamos refiriendo a una energía física como la fuerza, la energía eléctrica y otros tipos de energía. La «energía» a la que nosotros nos referimos quizá se describiría mejor como **influencia** o **información**.

Capítulo 1

¿Qué es una «casa enferma»?

Una casa enferma es aquella en la que las enfermedades o la inquietud de los que viven o trabajan en ella parecen tener algún tipo de relación con el lugar. Es una afirmación muy simplificada, porque vivir en un lugar en concreto no es la causa de todas nuestras enfermedades. Siempre hay un porcentaje de factores causativos. Sin embargo, en muchos casos parece que el lugar es una parte significativa.

Uno de los indicios más claros de una casa enferma es la reacción de la gente que vive en ella. Recibimos muchas cartas en las que el remitente se siente apático y agotado cuando está en casa. El efecto desaparece cuando está en cualquier otro sitio. A menudo sucede durante las vacaciones, y la mejora se atribuye a la relajación y a la ausencia de la presión diaria. Sin embargo, al volver a casa vuelve el sentimiento de aletargamiento, incluso si no existen las tensiones del día a día. El insomnio y la sensación de levantarse cansado por la mañana a menudo son síntomas asociados a una casa enferma. El insomnio se acentúa a veces en los más pequeños, incluso si no afecta a los adultos. A menudo recibimos cartas diciendo que los niños no duermen bien y que los han encontrado acurrucados en un rincón o en un extremo de la cama; intentan alejarse de la influencia de alguna energía perjudicial. Cuando las energías se transmutan en beneficiosas, los niños duermen mejor y ya no se acurrucan por los rincones. Un niño que no puede dormir afecta a los padres porque precisa de su atención.

A menudo, las energías del lugar afectan adversamente más a los niños y adolescentes que a los adultos. Es especialmente evidente en las adolescentes a las puertas de la pubertad. Normalmente, los síntomas son pérdida de energía y ausencia en el cole-

•• Curar casas enfermas

gio durante varios días por enfermedades que a veces no están muy bien definidas. Quizás les diagnostiquen una ME (Encefalomielitis Miálgica). Existe gran controversia alrededor de esta enfermedad. Algunos dicen que es producto de un virus, otros opinan que es un problema psicológico. Ambas cosas podrían ser ciertas ya que parece probable que el virus, sea del tipo que sea, no se haya neutralizado porque el sistema inmunológico de la persona funciona por debajo de su eficacia máxima. A pesar de que el nombre científico de la ME es encefaliomielitis miálgica, nosotros la llamamos *energías confusas*. Las energías de una persona se confunden con las de su alrededor, y eso se refleja directamente en el funcionamiento de su organismo. Hemos descubierto que transmutar las energías terrenales de dentro y debajo de la casa a menudo es un factor significativo para mejorar la salud de esas personas. Cuando esas energías son positivas, fomentan la elevación de los espíritus, y por lo tanto conllevan una mejora en el bienestar. El efecto también puede experimentarse en lugares que ya son positivos, como las catedrales o lugares de una belleza y un significado especiales en el paisaje. Te sientes ligero: es como la ligereza frente a la gravedad.

En general, el efecto de las energías terrenales negativas es como una especie de agotamiento de la fuerza vital, básicamente de un modo insidioso e inconsciente. Puedes percibirlo en tu vida diaria siempre que estés durante un tiempo en un lugar que te deprime y te apelmaza. Es como si te quedaras sin batería sin ninguna razón visible. La ME es una enfermedad típica que te deja sin batería. Puedes compararla con la del coche: un día, cuando vas a ponerlo en marcha ahí está ese ruido enfermizo y no se enciende. Alguien puede ayudarte con los cables de arranque y una vez que el alternador ha hecho su trabajo, ya puedes encender las luces, etc., y al día siguiente puedes coger el coche. Supongamos que la luz del maletero se queda encendida cuando cierras el maletero: no lo sabes, pero está consumiendo energía de la batería sin cesar. Eliminar la causa del agotamiento de la batería, asegurarse de que la luz del maletero se apaga y equipar el coche con un mecanismo de recarga mejor, garantiza una energía suficiente para encender las luces, etc., en el futuro.

En el ser humano, transmutar la carga negativa en positiva ayudará al cuerpo a funcionar con más eficacia, especialmente en su propia defensa, reforzando el sistema inmunológico. La doctora Rosy Daniel, directora médica del Centro de Ayuda contra el Cáncer de Bristol, presupone, en el vídeo introductorio, una escala de energías de la fuerza vital de un individuo (*chi*, *ki* o *prana* en los paradigmas orientales).

Cuanto más baja es la fuerza vital en la escala, más vulnerable es la persona a todo tipo de enfermedades, desde las infecciones externas como un resfriado o la gripe hasta la incapacidad para expulsar células cancerígenas mutantes del organismo. Una fuerza vital reducida también puede reflejarse en el plano mental y emocional: a veces nos piden que ayudemos a personas que están deprimidas, desde alguien que se siente triste y aletargado hasta aquellos que necesitan medicación y hospitalización. Posiblemente nos referimos a esto cuando hablamos de alguien «sin espíritu»; y, por supuesto, el diagnóstico de una grave enfermedad o incluso notar que alguien no se encuentra bien durante un periodo de tiempo puede incrementar esta sensación, convirtiéndose en un círculo vicioso.

Otra perspectiva para enfocar el problema es en términos de la carga que la persona debe soportar. Muchas cosas pueden sobrecargar nuestro sistema: el estrés, el trabajo, una mala dieta y demasiados agentes contaminantes, para nombrar sólo algunas. Si además una energía terrenal negativa o *presencia* (*véase* el Capítulo 6) nos está vaciando sutilmente, nuestra fuerza vital se reduce hasta el punto en que somos más vulnerables, y posteriormente llega a una zona peligrosa que nos impide hacernos cargo de todo. Sabemos de mucha gente que recibe tratamientos de todo tipo, se sienten bien durante unos días pero luego vuelven a recaer: una pista significativa que indica que quizás tengan un problema de energías terrenales.

Proyectos de investigación

En Alemania y en Austria se ha enfocado un trabajo más en la línea de investigación que el que se ha llevado a cabo en Inglaterra. El barón Gustav Freiherr von Pohl y otros medidores iniciaron un temprano y meticuloso estudio sobre la correlación

•• Curar casas enfermas

durante los años 20 y 30 del pasado siglo. Von Pohl publicó los resultados de su trabajo y están disponibles en inglés (*véase* Bibliografía y Referencias 3.10). Un ejemplo del libro se centra en la ciudad de Stettin. Entre 1910 y 1931 hubo 5.348 muertos por cáncer:

«El Dr. Hager, jefe de médicos y director de la Asociación Científica y Médica de Stettin, recopiló todos los documentos relativos a las muertes por cáncer entre 1910 y 1931. A continuación presentamos un resumen de sus datos:

Número de casas	Número de muertes por cáncer	Total
1.575	1	1.575
750	2	1.500
337	3	1.011
167	4	668
51	5	255
15	6	90
6	7	42
1	8	8
1	9	9
5	10 o más	190
		Total = 5.348

Tabla 1.1.— Muertes por cáncer en Stettin 1910-1931.

Entonces el Dr. Hager consultó el problema con un medidor, el prestigioso asesor C. William, y los dos se desplazaron hasta esas casas y descubrieron que debajo de cada una había una corriente subterránea y debajo de algunas, donde las corrientes se cruzaban, la potencia era muy fuerte.

El resultado, en concreto el de las casas de la gente mayor, era especialmente interesante e informativo porque, tal como explicó el Dr. Hager en su exposición frente a la asociación médica, había otra gente mayor igual de vulnerables ante el cáncer.

La primera casa está encima de un cruce de corrientes subterráneas y está completamente irradiada. En 21 años, 28 muertes.

La segunda casa tuvo, en el mismo período, dos muertes. La casa está únicamente irradiada por dos pequeñas corrientes subterráneas, y el Dr. Hager descubrió que las camas de las personas muertas estaban justo encima de esas corrientes.

En la tercera casa no hubo ni un caso de cáncer en 20 años. La investigación concluyó que no había corrientes subterráneas.»

Este tipo de datos hacen que te pares a pensar. En vista de la naturaleza extensa y meticulosa de esta investigación es sorprendente que no se haya dado una mayor difusión a sus descubrimientos. En el caso de von Pohl, es muy probable que otros profesionales se sintieran muy desanimados cuando exageró con su caso, porque von Pohl declaró que las *corrientes subterráneas* negativas eran la causa de ¡todas las enfermedades! En general, sospechamos que la poca repercusión de este estudio se debió en gran parte a que los científicos y académicos no podían explicar el mecanismo de un modo satisfactorio ni medir las corrientes subterráneas con ningún instrumento. Por lo tanto, para ellos, el fenómeno no existía. Esta actitud todavía perdura, aunque en menor medida; sin embargo, muchos profesionales se toman en serio esta rama de la ciencia, aunque no la entiendan.

Terminología

Uno de los problemas en cualquier discusión sobre este tema es la terminología. Von Pohl se refería a las «corrientes subterráneas». Otros medidores utilizan distintos términos aunque se refieren al mismo concepto, son: «corrientes negras», «aguas subterráneas», «línea energética», «tensión geopática» y «energía terrenal», aunque puede haber otros. El agua subterránea suele entenderse como la causa de un problema. Puede que sea cierto o no, dependiendo de la calidad de la energía de cada agua. A menudo aparecen confusiones respecto a este punto, posiblemente por razones históricas. Se solía creer que la medición era meramente un método de encontrar agua ya que ésta era la única manera de evitar la censura eclesiástica. De este modo, si un medidor percibía una reacción en su aparato en lugares donde la gente no gozaba de muy buena salud, la culpa se atribuía al agua porque aquello era lo único que se suponía que encontraban los medidores. El término «línea energética» generalmente se usa para describir líneas rectas que unen lugares sagrados, a menudo visibles en el paisaje. A menudo, los medidores se refieren a las zonas energéticas, estén o no relacionadas con alineaciones de lugares sagrados, como «campos energéticos». La terminología todavía es susceptible de sufrir algunos cambios.

Hemos acabado llamando «lugares próximos» a los lugares sagrados. Un amigo nos explicó que cuando fue a Iona (una isla dedicada a santa Columba, que introdujo el cristianismo en Escocia), se detuvo a poner gasolina en una remota gasolinera de la Isla de Mull. Cuando nuestro amigo le dijo al señor de la gasolinera dónde iba, al señor se le llenaron los ojos de lágrimas y dijo: «Ah, sí, ése es un lugar próximo; ahí arriba no hay mucho espacio entre usted y el Señor». Más tarde, obviamente, las energías mágicas de Iona también nos cautivaron a nosotros, y reconocimos esa misma magia en otros lugares sagrados, a pesar de que algunos están ya tan comercializados y urbanizados que es muy difícil notar algo. Hay muchas más probabilidades de captar reacciones significativas en antiguas iglesias apartadas del tumulto de civilización, que se construyeron en los cruces de varios campos magnéticos. La iglesia de Kilpeck, que se encuentra en Herefordshire, la ciudad natal de Ann, es una de nuestras favoritas.

Puede que una analogía sirva de ayuda. Imagínese que los principales campos energéticos son la red de comunicaciones de nuestro país: los hilos que conducen la electricidad de alto voltaje por todo el territorio. Nosotros no hablamos de electricidad como tal, pero vemos los campos energéticos a los que nos referimos como unas versiones más primitivas de los campos principales. Han pasado por transformadores de energía, los han dividido y reducido en tamaño y «voltaje» por medio de un sistema de círculos, piedras y otros utensilios hasta convertirlos en válidos para el uso doméstico. Nuestra hipótesis de trabajo es que cuando el planeta Tierra se creó, todo el sistema era positivo (es decir, para facilitar la vida de los humanos), y que las antiguas civilizaciones reconocían y honraban ese sistema con sus rituales y sus edificaciones. A través de los milenios, las maquinaciones de los humanos han distorsionado el sistema y han causado alteraciones tanto en la posición como en la polaridad. Algunos medidores están intentando restablecer o mejorar el sistema en grandes extensiones de territorio; y otros, como nosotros, nos centramos en las necesidades de los habitantes de viviendas individuales, siempre que se nos necesita. Todos intentamos hacer lo que podemos.

Hay tantas maneras de medir los mapas de estas energías como medidores. Existe una ley tácita que dice que todo el mundo verá las energías sutiles de un modo distinto, ¡incluso si han estudiado con el mismo profesor! Algunos de los mapas más comunes son los de las redes de comunicaciones, especialmente las de Hartmann y las de Currie. Hamish Miller y Paul Broadhurst han medido un par de líneas que ellos llaman Michael y Mary que han seguido por el campo desde el condado de Cornualles hasta el de Norfolk, tocando muchos lugares sagrados por el camino, como se explica en su libro (*véase* Bibliografía y Referencias 5.3). Persiguen descubrimientos similares en Europa para un próximo libro. Otros medidores descubren espirales y otras formas. Muchos de los que descubren energías perjudiciales para los habitantes de un lugar recomiendan mudarse de casa o mover el mobiliario, como la cama, donde se suele estar muchas horas. En el mercado existen algunos aparatos que protegen contra la tensión geopática. Unos cuantos curan las energías, igual que nosotros, de modo que mejoran la calidad de vida en vez de reducirla. Si, al curar una casa, queremos obtener un resultado eficaz, hay un aspecto que se debe tener muy en cuenta: el medidor encargado de medir el mapa de las energías debe hacerlo a su manera, sólo así funciona. Intentar curar un lugar con los mapas de otro no dará, posiblemente, un buen resultado ya que el mapa es una herramienta mental a través de la cual navegar y descubrir las energías.

El término «tensión geopática» parece implicar una tensión en la tierra como las fallas, por ejemplo. Es cierto que las fallas geológicas a menudo suelen tener un efecto energético sutil, pero otra vez parece que hay tantas líneas energéticas que dudamos que estén todas relacionadas con las fallas. Nosotros preferimos el término «energía terrenal».

En nuestro trabajo, sólo nos centramos en las energías que se encuentran en un ambiente sutil dentro de las casas o los lugares de trabajo, y el efecto que tienen sobre las personas que nos consultan. Con esto nos referimos a los efectos de las influencias que no necesariamente tienen una conexión física y medible, pero que afectan a las personas a niveles muy sutiles. Las personas sensibles, como los kinesiólogos y los medidores, que a veces son conocidos como biosensores, pueden detectarlos. Actualmente se están desarrollando toda una serie de instrumentos científicos para poder detectar estos efectos, pero todavía son experimentales y dependen en gran medida de la interpretación del operador. Hemos aprendido algo de las máquinas Bicom y Vega, y en nuestro grupo de curación asistimos a una demostración de un modelo Best. Nosotros sentimos que el factor realmente importante es centrarse en la calidad de esa energía en sí misma, y no preocuparse tanto por la presencia de agua, fallas geológicas, lugares sagrados y otras características.

Investigación

Sin embargo, se ha demostrado científicamente que se pueden detectar los resultados de la tensión geopática. En 1990 el Dr. Bergsmann, un profesor universitario especializado en medicina de Viena, llevó a cabo un extenso estudio para investigar la influencia de las energías terrenales en la salud humana (*véase* Bibliografía y Referencias 3.3). El gobierno austríaco le subvencionó la investigación. El Dr. Bergsmann midió 24 parámetros en cada uno de los 985 voluntarios (es decir, probó 24 tipos distintos de investigaciones médicas en cada persona), un programa muy extenso. Utilizó 3 medidores para que localizaran lugares sujetos a tensiones geopáticas y lugares neutros en 8 habitaciones de hospital repartidas por toda Austria. En primer lugar, se administraron los 24 parámetros después de que cada sujeto hubiera estado 15 minutos en un lugar neutro. Luego se repitieron después de pasar 15 minutos en un lugar con tensiones geopáticas y luego otra vez, después de 15 minutos en un lugar neutro. En total, se realizaron 6.943 pruebas, que ofrecieron 500.000 datos que fueron evaluados estadísticamente.

Estos parámetros, o pruebas médicas, incluían resistencia eléctrica de la piel, pruebas del sistema circulatorio como el latido del corazón, tensión arterial, reacciones artostáticas y análisis de sangre. También incluían pruebas de reflejos musculares y pruebas físicas y, quizás lo más importante, pruebas del sistema neurotransmisor incluida la producción de serotonina.

Los resultados demostraban que había 12 pruebas afectadas significativamente por la tensión geopática. En 5 pruebas se encontraron algunos efectos y en los otros no había ninguno. Este experimento supone un resultado sumamente clarificador ya que demuestra que el lugar puede ser un factor muy importante para la salud. Es especialmente interesante la reducción que se observó en el nivel de producción de serotonina, que afecta a los esquemas del sueño. La gente a menudo se queja de que duerme mal cuando la cama está encima de una zona de tensiones geopáticas, un descubrimiento para nada desconocido entre los medidores. Este experimento científico ha dado validez a esta teoría. Sabemos que el Dr. Bergsmann sigue investigando.

Hace algunos años, unos medidores hallaron una energía terrenal negativa en un pueblo de una pequeña isla inglesa y le pidieron al médico de cabecera del pueblo que revisara en los archivos el número de personas que vivían en las casas encima de esa energía que habían sufrido enfermedades degenerativas. Todas las casas de la zona tenían un largo historial de enfermedades crónicas y un número inusualmente elevado de víctimas de cáncer. Un doctor puede que se encargue de la salud ambiental en el ámbito físico, es decir, un enfermo del pulmón estará mejor lejos de los humos de las fábricas y del tráfico. Sin embargo, cualquier persona que intente mejorar su salud también necesita encargarse del estado de las energías terrenales de su casa y su lugar de trabajo.

A veces nos preguntan si las líneas energéticas que encontramos son muy comunes. Es imposible decirlo en términos generales, ya que sólo recurren a nosotros personas que creen que en su casa pasa algo malo. En ocasiones tenemos que decirles a los clientes que quizás la razón sea otra porque en su casa no encontramos ninguna línea, o sólo encontramos líneas positivas. En general, solemos encontrar entre una y cuatro líneas energéticas en un lugar normal y corriente, muy pocas veces encontramos más. A veces hay una mezcla de líneas positivas y negativas, y esto puede resultar mucho más incómodo para los habitantes que tenerlas todas negativas.

•• Curar casas enfermas

Energías en el agua

Hasta ahora sólo hemos hablado de las energías terrenales, o de la tensión geopática en el contexto de la salud y el lugar. El renombrado científico francés Jacques Benveniste ha hecho unos trabajos de investigación muy interesantes sobre la naturaleza sutil del agua. Era el jefe de investigación del Instituto Nacional Francés de Investigación Médica y estaba especializado en los mecanismos alérgicos e inflamatorios. En 1984, mientras trabajaba con los sistemas (alérgicos) hipersensibles se encontró con los llamados fenómenos de alta dilución. La prensa se hizo eco de esto y lo llamó «la memoria del agua». Benveniste demostró que el agua tiene memoria y que, por lo tanto, puede almacenar información. Esto es la base de la homeopatía. Para elaborar un remedio homeopático, se diluye en agua una pequeña cantidad de la sustancia adecuada. La mezcla se agita y se diluye, se agita y se diluye, repitiendo el mismo proceso varias veces. El resultado final es virtualmente agua pura mientras que queda, si queda algo, muy poca cantidad de la sustancia que se diluyó en el agua al principio. Sin embargo, este agua tiene unas propiedades curativas muy poderosas (*véase* Bibliografía y Referencias 3.11). De hecho, cuanta menos sustancia adecuada quede, más poder tiene ese agua como remedio homeopático.

Como sucede habitualmente con la gente que descubre conceptos revolucionarios, el sistema ortodoxo rechazó sus ideas. Para muchos, el agua sólo era una combinación química de hidrógeno y oxígeno y la idea de almacenar información en aquel líquido les parecía absurda. A pesar de que un gran número de científicos analizaron su trabajo y estuvieron de acuerdo con él, Benveniste fue obligado a dimitir de su cargo en un laboratorio subvencionado por el gobierno. Ahora ha creado su propio laboratorio con fondos de industrias e inversores privados, y continúa su trabajo.

Alan Hall, un científico muy innovador, ha hecho un trabajo muy interesante observando el agua (*véase* Bibliografía y Referencias 3.6). El agua es muy importante en todos los procesos vitales: el cuerpo humano es agua en un 80 % y nuestras vidas dependen de poder reponerla regularmente. Su importancia en el reino de las plantas es obvia. Todos sabemos que para que una planta florezca, o simplemente crezca, hay que regarla. Alan llega a la conclusión de que el agua puede contener información que es fundamental para los procesos vitales. La información se almacena en la distribución de la microestructura del agua. Sería comparable al modo en que la información, como la música o las imágenes de vídeo, se almacenan en las características magnéticas del polvo de óxido de hierro que hay en las cintas. Alan ha descubierto que esta información vital contenida en el agua puede corromperse por las influencias externas, igual que la música puede corromperse si la cinta está cerca de un imán. Una de las principales fuentes de corrupción de la información almacenada en el agua está en los distintos campos electromagnéticos que constantemente se van desarrollando y que cada vez son más complejos. Estos campos proceden de las líneas eléctricas, las microondas de las telecomunicaciones, los teléfonos móviles, etc. Así, uno se puede ver afectado negativamente por la calidad de la información del agua que llega a su casa por las tuberías en igual medida que por la impureza química con la que la compañía de aguas se la hace llegar y/o por el sistema de filtrado del agua de su edificio. Un posible modo de corrupción sucede cuando la compañía eléctrica coloca un transformador en la calle encima de la tubería principal. Otro modo es la colocación de la bomba de la calefacción centralizada cerca de las cañerías, de manera que el campo eléctrico del motor atraviesa una tubería. En consecuencia, las «vibraciones molestas» recorren una y otra vez la casa. A pesar de todo, es muy poco probable que nuestra sociedad elimine la electricidad, las telecomunicaciones y otros aparatos técnicos que degradan el agua.

Hemos seguido las investigaciones de Alan durante unos años y las hemos relacionado con nuestro trabajo. Existen algunas coincidencias, ya que a menudo descubrimos que cuando hemos transmutado las energías terrenales de una casa, entonces la información contenida en el agua ya no es un problema. Seguimos aprendiendo cosas sobre esto, pero es necesario investigar más y establecer una correlación entre la información del agua (que casi siempre existe) y la del fenómeno que nosotros llamamos «energía terrenal».

Otros síntomas de una casa enferma

Otra fuente de polución sutil puede encontrarse en los objetos de casa: en especial en los que van conectados a la instalación eléctrica. Algunas personas reaccionan de modo adverso a estos aparatos, así como a las emanaciones de los televisores y los ordenadores. Los hornos microondas también suponen un posible problema. Si las microondas se filtran pueden ser peligrosas, pero es poco probable que supongan un grave problema porque normalmente estos aparatos eléctricos funcionan durante poco tiempo. Quizás tienen mucho más efecto en la comida que se cocina en ellos. Existen pruebas que demuestran que irradiar la comida con microondas puede destruir el contenido sutil de los alimentos. Tiene más posibilidades de suceder si se utilizan para cocinar verduras frescas.

En Suiza también se han realizado algunas investigaciones (*véase* Bibliografía y Referencias 3.7) sobre el uso de los microondas para recalentar la leche de los bebés en los hospitales. La conclusión de este estudio fue que la leche se degradaba de un modo considerable. Los fabricantes de hornos microondas denunciaron a los autores del artículo en un intento por evitar que saliera a la luz pública, lo que hace sospechar que las afirmaciones del estudio eran ciertas. En cualquier caso, parece que coincidiría con los descubrimientos de Alan Hall acerca del efecto de los campos electromagnéticos sobre la información del agua. Desgraciadamente, los técnicos en alimentación y nutricionistas parece que no tienen en cuenta ningún componente sutil de la comida. Sólo se fijan en la parte física.

Cualquier estudio de la influencia del lugar sobre la salud estaría incompleto sin hacer mención a los posibles efectos de las «presencias», que trataremos en el Capítulo 6. Existen muchas influencias que provienen de más allá de nuestro mundo normal que percibimos con los cinco sentidos.

A menudo, los animales pueden señalar líneas energéticas y lugares igual que percibir presencias. Parece ser que las abejas, las hormigas y los gatos se encuentran perfectamente en lugares negativos, mientras que los perros están a sus anchas en lugares positivos; sin embargo, no hemos investigado a fondo este fenómeno, sólo hemos evidenciado algunos ejemplos. Una mujer nos llamó preguntándonos si habíamos medido su casa aquel día. «Sí, ¿por qué?». Su perro jamás había querido comer en la cocina porque existía una línea negativa. Aquella mañana comió muy contento en la cocina, y después de aquel día siempre lo hizo allí.

Se sabe que los gatos descansan en lugares cálidos cerca del fuego y de los radiadores, y junto a cuerpos cálidos. Sin embargo, muchos se sientan en lugares extraños muy alejados de cualquier fuente de calor, y a menudo en esos lugares es donde se encuentran las energías negativas. Tenemos informes que dicen que estos animales domésticos actúan de un modo un poco extraño o poco habitual cuando vuelven a casa después de la medición y que les cuesta acostumbrarse a la nueva estructura de las energías. ¡Algunos clientes incluso nos han enviado planos de sus casas marcando dónde duerme el gato!

Si uno sabe lo que busca, la presencia de las líneas energéticas a menudo se percibe por la forma cómo crecen los árboles, con curvas y distorsiones peculiares. Alan Hall nos contó uno de los casos más interesantes. Una vez estaba caminando por un bosque y se dio cuenta de que a muchos árboles se les había caído una gran cantidad de ramas. El punto de rotura era similar en todas ellas y era como si se hubieran ido rompiendo en círculos hasta que al final la pequeña semilla del centro se había roto y la rama había caído. También se dio cuenta de que los árboles más afectados seguían una línea recta. Siguió la línea hasta el final del bosque y descubrió una gran antena parabólica apuntándole directamente desde el otro lado del valle. La antena formaba parte de un edificio de comunicaciones del gobierno. Nosotros también hemos recibido informes de personas afectadas por antenas parabólicas que apuntan hacia sus casas. Cuando al final se convence a los propietarios de que deberían cambiar la orientación de la antena, se sienten mejor. Si vuelven a sentirse mal, descubrimos que a veces es porque la antena ha sido reorientada otra vez como estaba antes creyendo que la gente ya lo habrá olvidado.

Es bastante habitual que la presencia de energías terrenales pueda percibirse por la forma de las plantas y los árboles. En nuestro jardín tenemos una vieja orquídea. Había cuatro árboles que tenían las mismas características. Las cuatro veces, al poco tiempo de nacer el tronco se dobló unos noventa grados antes de volver a crecer recto hacia arriba. Sin embargo, el ángulo era mucho más evidente en el primer árbol de la línea que en el cuarto. La medición indicó una línea de energía terrenal que pasaba por debajo de los puntos donde los troncos crecían en vertical. Era como si los árboles sintieran que los habían plantado en el lugar equivocado y hubieran intentado crecer hacia donde ellos realmente querían estar. Algunos de esos árboles también tenían unos nudos extraños en los troncos y las ramas. Esta característica a menudo indica que el crecimiento del árbol está bajo la influencia de energía terrenales. Por desgracia, las tormentas han arrancado tres de esos cuatro árboles.

Pruebas de los efectos

En términos generales, por todas partes hay pruebas de que muchos de estos fenómenos afectan a la salud humana. Los efectos a menudo son muy sutiles. El científico materialista moderno no tiene herramientas para detectar estos efectos y, con frecuencia, cree que los datos de los medidores son incoherentes. Algunas pruebas y observaciones anecdóticas de doctores pueden ser de gran ayuda. El Dr. K. nos dijo:

> A lo largo de mi experiencia con los pacientes, he observado lo siguiente:
> – Cuando un niño no duerme bien y llora por la noche, si se le cambia la cama de posición deja de llorar.
> – Mujer, cuarenta y tres años, quiste en el ovario derecho, precancerígeno, totalmente recuperada después de medirle la casa.
> – Pacientes con problemas geopáticos vuelven a recaer cuando regresan a casa; en realidad, empeoran y los problemas se acentúan por la noche.

La investigación austríaca a la que hemos hecho referencia antes debería estudiarse detalladamente. Tenemos que seguir observando y midiendo hasta dónde podamos llegar (*véase* Capítulo 10), hasta que encontremos un modelo viable que es, en definitiva, cómo cada rama de la ciencia ha encontrado su camino. Lo que importa es llegar a conseguir el efecto beneficioso para la gente.

Capítulo 2

Algunos de los primeros casos significativos

Fue sorprendente lo pronto que nos empezaron a llegar demandas después de anunciar nuestras habilidades curando casas enfermas. En la actualidad, uno puede publicar su disponibilidad en cualquier área en Internet, pero hace veinte años eso casi no existía. Así que se lo dijimos a las personas más próximas y no tuvimos que repartir folletos ni hacer publicidad: la gente que lo necesitaba, sencillamente acudió a nosotros.

En este capítulo explicamos historias de curaciones de casas. Las aplicaciones están descritas en el Capítulo 5.

Los primeros esfuerzos fueron por seguir las enseñanzas de Bruce McManaway, y luego desarrollamos nuestras habilidades a medida que aprendíamos más y más cosas con la experiencia. Ann había trabajado como una especie de aprendiz con Bruce, un medidor escocés, en la década de los 70. Durante los cursos de verano del año 1979 empezó a enseñarle a su grupo de estudiantes su método para curar casas enfermas. Ann estaba reservando un hotel para atender por segundo año consecutivo a las largas semanas de sesiones de entrenamiento de Bruce cuando, de repente, Roy dijo que también quería ir. Eran unas sesiones para el desarrollo de medidores en prácticas (que Roy no era), costaban dinero (de lo que íbamos un poco escasos) y tendría que dejar el trabajo casi sin previo aviso (les dijo que la semana siguiente no iba a trabajar).

—A lo mejor Bruce no te acepta—, la advirtió Ann. Sin embargo, Bruce creyó que Roy era idóneo para el grupo e hicimos el curso juntos. Fue una de esas que parece que «están escritas».

Bruce enseñaba sus métodos de curar a la gente mediante mediciones y presiones en la columna vertebral y otras maniobras.

También enseñaba la importancia de las «líneas energéticas» o «energías terrenales» en relación con la salud. Nos enseñó su modo de detección mediante la medición y cómo alterar la calidad de dichas energías colocando estacas metálicas en el lugar preciso del suelo. Para sorpresa y placer de Roy, parecía que era capaz de hacerlo con bastante exactitud. De este modo, al final había descubierto por qué le habían enseñado a medir años atrás.

¿Qué era lo siguiente? Bueno, gente que jamás habíamos conocido empezó a acudir a nosotros diciéndonos: «Hemos oído que podéis corregir las corrientes oscuras que hay debajo de las casas. Creemos que nos están afectando, ¿por qué no venís y lo arregláis, por favor?». Parecía que nuestros esfuerzos les beneficiaban y se lo decían a sus conocidos. Cada vez nos llegaban más y más demandas. Roy seguía trabajando la jornada completa y Ann también trabajaba, así que el número de casos del que podíamos encargarnos era limitado y, a veces, la gente tenía que esperarse un poco a que la atendiéramos.

Una casa en medio de Inglaterra

Una familia de Buckinghamshire nos rogó que la ayudáramos. Una mujer de unos cincuenta años había sufrido una fuerte depresión. Mejoró ostensiblemente cuando la trataron en el hospital pero volvió a recaer cuando regresó a casa, y esta situación se repitió una y otra vez durante cinco años. Llevaba veinticinco años viviendo en ese lugar y pensó que era un hogar feliz para criar a sus hijos, entonces ¿cuál era el problema? Nos enviaron un plano de la casa.

Rastreamos las energías terrenales que la afectaban. Descubrimos dos líneas negativas que la cruzaban, y las marcamos en el plano. El primer sábado que tuvimos libre viajamos hasta allí con nuestro equipo de medición completo y una maleta llena de ángulos de hierro, sierras de arco y mazos. Teníamos una misión: corregir las energías mediante una especie de acupuntura terrestre.

Después de medir el jardín, trazamos las líneas y localizamos en el suelo el punto exacto donde tenían el centro. Después loca-

Algunos de los primeros casos significativos

lizamos los extremos de las líneas en cada lado del jardín, entre las flores, donde las estacas que teníamos que clavar quedarían ocultas. Luego determinamos, otra vez mediante la medición, la longitud de las estacas; podría variar entre uno o dos centímetros y un metro y medio, y las teníamos que clavar en el suelo totalmente. Vimos que la longitud no coincidía necesariamente el día de clavar las estacas en el lugar con la que habíamos calculado unos días atrás cuando trabajábamos con el plano en casa, así que las cortamos allí mismo. Después, con el objetivo marcado, las clavamos en los lugares escogidos en los extremos de la propiedad. Una línea tenía casi ocho metros de ancho y la otra casi cinco, así que había muy poco espacio de la casa que no estuviera afectado. Los centros de las líneas se cruzaban cerca de la cocina, de modo que la gente sensible tenía más posibilidades de perder energía si pasaban mucho tiempo allí.

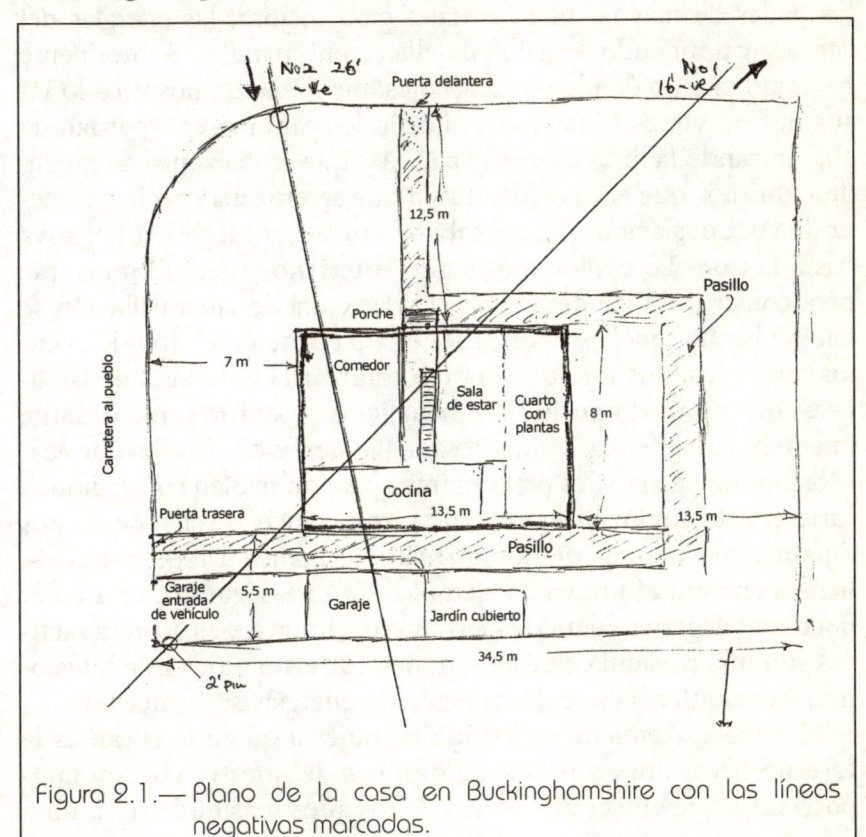

Figura 2.1.— Plano de la casa en Buckinghamshire con las líneas negativas marcadas.

•• Curar casas enfermas

Al parecer, esta mujer había empezado a tener problemas cuando le vino la menopausia, una época muy favorable a causa del incremento de sensibilidad cuando los niveles de hormonas están desequilibrados. Nosotros creímos que la depresión no habría sido tan profunda si sólo hubiera sido por la menopausia, pero al añadirle las energías terrenales negativas la situación llegó al borde del precipicio.

Durante el curso de energías terrenales con Bruce McManaway nos interesó mucho su concepto de que estas líneas energéticas estaban relacionadas con una red de líneas que cruzaban todo el país, así que dibujamos la continuación de la mayor de las líneas en un mapa del servicio oficial de cartografía para ver de dónde provenían. Encontramos el origen en una cima donde convergían varios caminos, y pensamos que era muy posible que en sus orígenes hubiera sido un lugar sagrado. Esos lugares se usaban para los bailes de mayo y otros rituales para mejorar las energías del campo, y a menudo se habla de ellas como *trendles*. Seguramente había un círculo de piedras o árboles, pero cuando nosotros lo visitamos no vimos ni rastro de él, sólo los caminos que partían de allí. Trazando la línea de vuelta a la casa que acabábamos de medir, descubrimos que era positiva hasta que se cruzaba con la carretera de circunvalación que rodeaba la ciudad, y luego era negativa hasta la casa. Lo exploramos sobre el terreno y descubrimos que para construir la vía de acceso a la carretera de circunvalación se habían hecho muchas obras. Este es exactamente el tipo de eventos que Bruce nos dijo que podían cambiar la polaridad de las líneas, que han sido positivas y beneficiosas para la gente durante milenios. Cuando regresamos a casa, llamamos a la familia que acabábamos de visitar y les preguntamos cuándo habían construido la carretera de circunvalación. «Hará unos cinco o seis años», nos dijeron, «poco antes de que mamá enfermara». Desde entonces, hemos encontrado muchos ejemplos de líneas que pasan a tener polaridad negativa cuando el terreno se remueve. Las canteras activas son una pesadilla en este sentido, por las periódicas explosiones, y cualquier trabajo de curación de energías se ve afectado.

Nos alegró mucho saber que la mujer a quien le curamos la casa no tuvo ningún problema después de nuestra visita y tampoco tuvo que volver al hospital. Unos años más tarde se cambió de casa, y sigue bien.

Algunos de los primeros casos significativos ••

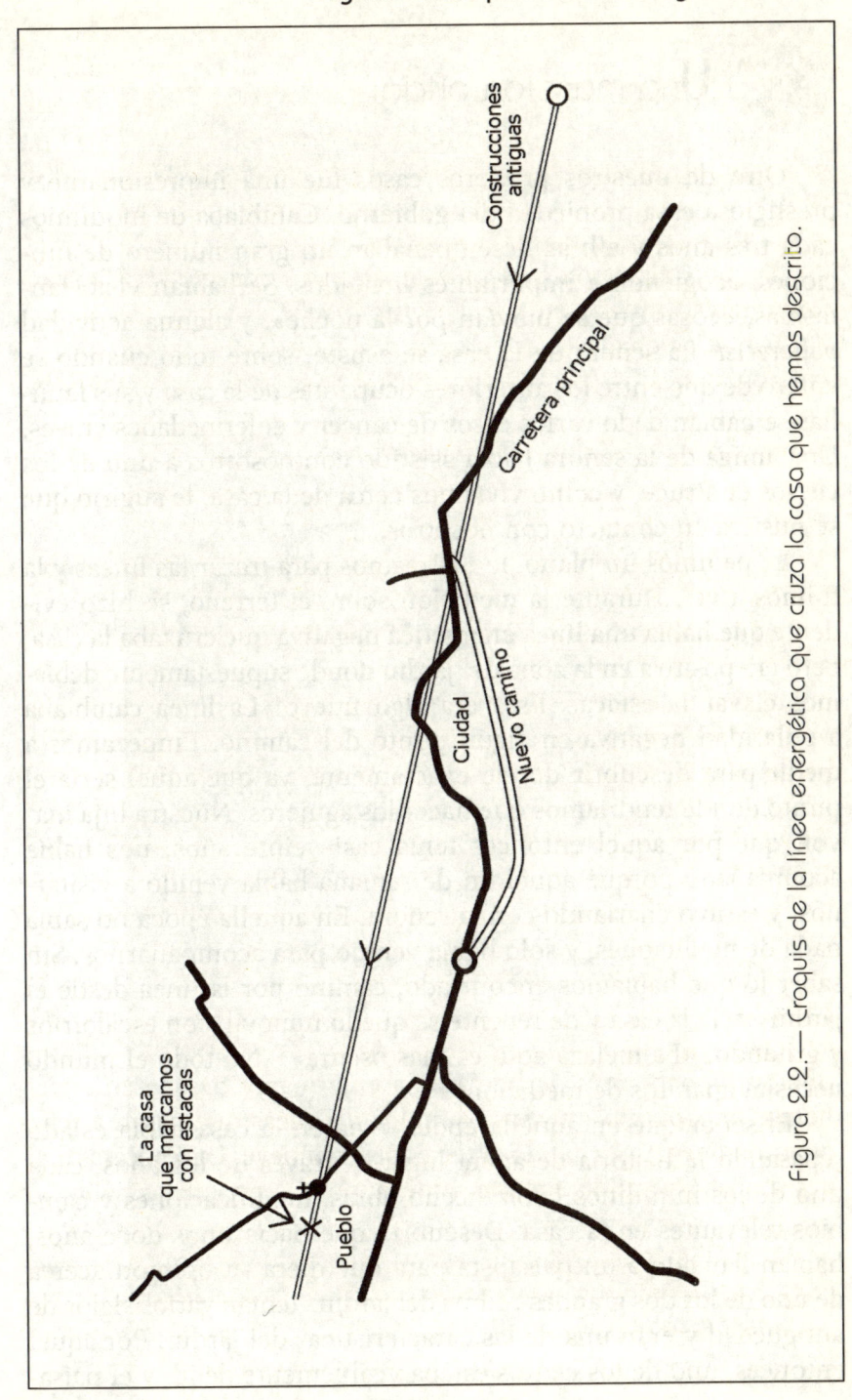

Figura 2.2.— Croquis de la línea energética que cruza la casa que hemos descrito.

Construcciones antiguas

Carretera principal

Ciudad

Nuevo camino

La casa que marcamos con estacas

Pueblo

•• 37 ••

Una mansión oficial

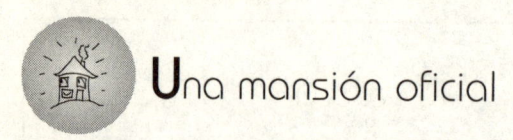

Otro de nuestros primeros casos fue una impresionante y prestigiosa casa propiedad del gobierno. Cambiaba de inquilinos cada tres años y allí se desempeñaban un gran número de funciones, acogiendo a importantes invitados. Se habían visto fantasmas, «cosas que se movían por la noche», y alguna actividad *poltergeist*. La señora de la casa se asustó, sobre todo cuando se enteró de que entre los anteriores ocupantes de la casa y sus familias se habían dado varios casos de cáncer y enfermedades graves. Una amiga de la señora había asistido con nosotros a uno de los cursos de Bruce, y como vivíamos cerca de la casa, le sugirió que se pusiera en contacto con nosotros.

Le pedimos un plano, lo rastreamos para trazar las líneas y la fuimos a ver. Durante la medición sobre el terreno, se hizo evidente que había una línea energética negativa que cruzaba la casa, pero era positiva en la zona del jardín donde supuestamente debíamos clavar la estaca. ¡Esto era algo nuevo! La línea cambiaba a polaridad negativa en algún punto del camino. Empezamos a medir para descubrir dónde exactamente, ya que aquel sería el punto donde tendríamos que hacer los agujeros. Nuestra hija mayor, que por aquel entonces tenía casi veinte años, nos había acompañado porque aquel fin de semana había venido a visitarnos, y estuvo charlando con la señora. En aquella época no sabía nada de mediciones, y sólo había venido para acompañarnos. Sin saber lo que habíamos encontrado, caminó por la línea desde el jardín hacia la casa y de repente se quedó inmóvil, con escalofríos y gritando: «La melaza aquí es más oscura». ¡No todo el mundo necesita aparatos de medición!

El señor que en aquella época vivía en la casa había estado repasando la historia de aquel lugar. A través de los años, cada uno de los inquilinos había hecho obras, modificaciones y cambios relevantes en la casa. Descubrió que hacía unos doce años, habían llamado a un paisajista para que diera su opinión acerca de uno de los dos grandes cedros del jardín. Tenían varios siglos de antigüedad y eran una de las características del jardín. Por aquel entonces, uno de los cedros estaba visiblemente débil, y el paisajista aconsejó que lo talaran, es decir, lo había condenado. Aquel mismo día, el paisajista murió de un ataque al corazón, y no talaron el árbol. El lugar en el que perfectamente podría haber estado al pronunciar su sentencia condenatoria era en medio del jardín, donde habíamos descubierto que la línea energética se convertía en negativa. Nosotros sugerimos que el árbol pudo haberse contagiado de la fuerza vital del hombre, y ese intercambio hacía que la energía se transmutara en negativa en ese punto en concreto.

El árbol parecía muy fuerte cuando estuvimos allí, muy lejos de la debilidad que lo debió de condenar. Clavamos la estaca en ese punto, asegurándonos que quedaba bien clavada para no impedir la contemplación del inmaculado césped. Clavamos otra estaca en otro punto del jardín para curar la otra línea. La señora nos dijo que sintió algo extraño mientras lo hacíamos: «Era como si atravesárais el corazón de una mandrágora», nos dijo. Todas las anomalías se solucionaron y nuestros clientes completaron sus años en el cargo en paz. Nos hemos mantenido en contacto con ellos, rastreando y curando, cuando era necesario, las diversas casas que han ido ocupando.

Una casa cerca de un cruce

Otro ejemplo muy interesante de nuestra primera época fue una casa muy cercana a nuestro antiguo hogar en Surrey. El hombre que vivía en la casa vino a visitar a Ann para unas clases de relajación y liberación espiritual para sus frecuentes migrañas. En algún momento de sus visitas, se dio cuenta de que cuando estaba fuera de casa jamás tenía migrañas, así que Ann se atrevió a comentarle que quizás el problema estaba en las energías terrenales negativas de su casa. Más tarde visitamos la casa y trazamos las líneas. El hombre se dio cuenta de que una de las líneas provenía de la casa donde vivía un grupo de música que consumía droga y provocaba un alto nivel de polución acústica. Así que, a petición suya, medimos una línea al otro lado de la calle, más lejos de esa casa, y descubrimos que era positiva. Al parecer, en este caso la línea se había «vuelto» negativa a causa de los habitantes de la casa de al lado.

•• Curar casas enfermas

Siguiendo la línea río abajo nos encontramos un cruce donde desembocaban cinco calles y donde se habían producido varios accidentes. Una de esas calles era una antigua entrada para coches de una gran propiedad, ahora convertida en urbanización. Había dos espléndidos (¡si te gustan ese tipo de cosas!) pilares de piedra victorianos que flanqueaban la entrada, coronados por esferas de piedra, y estaban justo encima de la línea energética. Los pilares habían recibido varios golpes de los vehículos, a pesar de que había mucho espacio para pasar entre ellos. Poco después de que curásemos la línea, un albañil local quiso que su último trabajo fuera la reconstrucción de los pilares, coronados por dos capiteles esféricos. El día de la inauguración se descubrió una placa y el acto salió publicado en los periódicos. La opinión general era que, a juzgar por la experiencia previa, no durarían demasiado. Sin embargo, ¡allí siguen! Nadie más chocó contra ellos después de transmutar a positiva la línea entre ellos. Durante los años que vivimos por aquella zona, no se produjeron más accidentes en ese cruce. Aquella experiencia hizo que nos preguntáramos cuántos accidentes de coche (o de otro tipo) podían deberse, en parte, a la situación de las líneas negativas. Las manos relajadas de un conductor sobre el volante no son distintas a las de un medidor con sus varillas: si se mueven al cruzar una línea, ¿qué le sucede al vehículo?

Dos casas londinenses

Dimos otro importante paso hacia delante cuando una amiga que estaba luchando contra un cáncer secundario (al cual venció, y sigue con nosotros después de dieciocho años) nos pidió que rastreáramos su casa de Londres. Encontramos una línea negativa que teníamos que curar, pero no podíamos clavar una estaca de hierro en el lugar adecuado porque lo cubría una capa de cemento que iba desde el fregadero hasta la pared de la casa de los vecinos. Al parecer, nos estaban dando otra lección desde Arriba (*véase* Capítulo 5). ¿Qué se suponía que debíamos aprender? Después de mucho pensar y medir, le pedimos a nuestra amiga que buscara una pieza de metal del tamaño necesario y que la colocara en sentido horizontal sobre del lugar exacto, junto a la pared de la casa de los vecinos. La medición posterior nos mostró que aquello había servido para curar la línea negativa. La vez siguiente que fuimos a visitarla, detrás del frutero vimos una pieza de metal que servía de apoyo para las escuadras de las estanterías. Por lo que sabemos, todavía sigue allí.

Como si las circunstancias quisieran que profundizáramos en este tema, una o dos semanas más tarde nos llegó una petición de otros amigos de Londres, aunque esta vez vivían en un ático de tres plantas, que no estaba en contacto con el suelo. La señora estaba muy contenta de que fuéramos a hacer nuestro trabajo, pero el hombre era un poco escéptico, aunque deseoso de que lo intentáramos: llevaba una época sin dormir demasiado bien. Así que otra vez ofrecimos la solución DIY: una tubería de cobre de la longitud «exacta» (determinada por medición) en el lugar «exacto»; tenían que ponerla horizontal en el suelo con el centro en el centro de la línea, apoyada en la pared del baño de la primera planta, justo antes de entrar en el piso. También tenían que colocar un cristal en el suelo de una habitación para conectar la curación con la tercera planta. Afortunadamente, hicieron lo que les pedimos. La siguiente vez que fuimos a visitarlos advertimos una mejora en la atmósfera sutil, y luego recibimos el informe del hombre:

> «Estas cosas son muy subjetivas; ¿puede ser que hiciera más frío justo cuando colocamos la tubería? ¿O que estuviera menos estresado en el trabajo? ¿O que Plutón ya no fuera mi ascendente? ¿O cualquier otra cosa? No lo sé, pero a pesar de lo escéptico que soy, ¡parece que he notado la diferencia! Duermo más horas y más profundamente y no me despierto tan a menudo. Por supuesto, no era realmente consciente de que había algo que me perturbaba, bueno, no demasiado, sólo esporádicamente. Sin embargo, parece que ha habido una diferencia, y es muy notable. Estoy encantado, agradecido y gratamente sorprendido. Dios les bendiga y muchas gracias a los dos.»

Empezar a curar a distancia

Después, más tarde, Roy estaba en Canadá en un viaje de negocios. En una reunión empezó a hablar con una señora acerca de la medición y ella le pidió que midiera su casa. Como había energías negativas para curar, le pidió que fuera a visitarla el domingo por la mañana a su casa en las afueras de Vancouver, y Roy fue con su desconcertado colega. Se encontró con que la casa estaba construida sobre roca sólida, así que no había ningún modo de clavar una estaca al estilo MacManaway. De modo que continuó rastreando y encontró una tubería de cobre en un escalón del jardín, como una varilla escalonada, y pensó que sería perfecta. En ese punto, Roy le pidió a su anfitriona si podía llamar por teléfono, y llamó a Ann a Surrey para comentarle lo que había encontrado. Siempre trabajamos juntos, así que Roy no vio ninguna razón por la que él tuviera que hacer el trabajo sin la opinión de Ann, únicamente porque ella estuviera en la otra punta del mundo. La solución funcionó.

Así que parecía que podíamos trabajar sin la acción de clavar estacas y, además, no era necesario que los dos estuviéramos presentes al colocar el artefacto debajo o encima del suelo para desencadenar la reacción de curación.

En varios casos posteriores, nos pidieron que midiéramos una impresionante casa solariega muy lejos de nuestro hogar. No podríamos ir a visitarlos en unas semanas debido al gran volumen de trabajo y a unas vacaciones planeadas con anterioridad. Aquella gente parecía muy desesperada: su hijo, de veintiún años, se estaba volviendo loco; y se percataron de que dormía en la misma habitación en la que dormía su abuela cuando se quedó ciega. Por debajo de la casa, y también de aquella habitación en concreto, pasaba un conducto de las cloacas locales. En esta ocasión descubrimos, mediante la medición del plano que nos hicieron llegar, que la línea energética negativa estaba relacionada con las aguas subterráneas, y que había otra línea negativa que cruzaba la habitación en cuestión.

La necesidad de curar era urgente, ya que el hijo corría el riesgo de que le diagnosticaran una esquizofrenia. Bueno, estábamos acostumbrados a enviar instrucciones de curación a distancia a personas, ¿por qué no a una casa? De modo que nos concentramos en el plano y en la carta del propietario, e invocamos la ayuda del Espíritu de Cristo y funcionó. Posteriormente, empezamos a ahorrarnos tiempo, energía y gasolina haciendo el trabajo de medición y curación basándonos en planos y cartas de las personas afectadas. A veces, no necesitábamos personarnos en la casa

Algunos de los primeros casos significativos ••

en cuestión. Al principio, pensamos que sería un trabajo de «primeros auxilios» para ayudar a la gente hasta que pudiéramos ir en persona y clavar las estacas de hierro necesarias. Pero no, los lugares se mantenían positivos, así que continuamos trabajando de este modo. La concentración de nuestras mentes se convirtió en un elemento tan efectivo como el esfuerzo físico de clavar estacas de metal. Sin embargo, aclaramos que para nosotros fue muy importante aprender todas esas técnicas de trabajar sobre el suelo físico y que para los principiantes es mejor adquirir una experiencia inicial visitando los lugares y, si es posible, clavando estacas.

En la actualidad, raras veces nos trasladamos hasta una casa para llevar a cabo una curación. En ocasiones hay gente que insiste, y hasta que no empezamos a dar cursos para medidores/curadores y enseñarles las técnicas, a veces hemos accedido a las peticiones. Esas expediciones siempre son una aventura, a veces agotadora, con tanto placer y diversión como situaciones de las que aprender. El 8 de agosto de 1988 (8-8-88) nos convencieron para que fuésemos a una casa que no estaba demasiado lejos de la nuestra, y nos prometieron que nos darían de cenar cuando acabásemos nuestro trabajo. Cuando llegamos, la anfitriona nos dijo que había invitado a ocho personas más a cenar y que todos estaban muy interesados en nuestro trabajo. ¡Tuvimos público y nos tuvieron que llamar para cenar! No es fácil concentrarse lo suficiente para medir detenidamente ni trabajar tranquilamente cuando tienes unos invitados hambrientos, con los vasos de jerez en la mano, haciéndote innumerables preguntas y que encima necesitan que se les proteja de cualquier efecto adverso (*véase* el Capítulo 9).

Curar un establo enfermo

En otra ocasión, la esposa de un granjero de Somerset, de complexión fornida, insistió en que los visitáramos para curar dos líneas que cruzaban el establo de su laureado caballo. Ahí estaba aquella enorme y preciosa bestia dando coces de un modo tan fuera de control que la señora había forrado el establo con sacos de paja: ¡nos alegramos mucho al ver que estaba encerrado! El granjero, literalmente masticando paja e inclinado sobre la verja como un dibujo animado, nos miraba con una sonrisa irónica. Dos de los hijos con unos bíceps de campeones de levantamiento de pesos se ofrecieron para cortar las dos estacas de la longitud necesaria, y lo hicieron en un abrir y cerrar de ojos. No les costó nada clavarlas en el suelo, dos estacas de metro veinte y noventa centímetros respectivamente. Recibimos noticias muy entusiastas de la posterior destreza del semental, y ya no volvió a destrozar el establo a coces.

A pesar de que estas expediciones son muy interesantes y gratificantes, no podríamos sacar adelante el volumen de trabajo que tenemos ahora si nos tuviéramos que desplazar a cada lugar. Además, estamos descubriendo que cada vez hay más gente a quienes no les molesta que no vayamos físicamente a sus casas a curarlas; hacerlo a distancia está cada vez más aceptado.

Tenemos muchas más historias como éstas, y en el Capítulo 7 presentaremos algunas de las más recientes redactadas por las propias personas afectadas. Lo importante para nosotros es que experimentando casos como los que aquí hemos descrito aprendimos más acerca de la naturaleza de estas energías perjudiciales y cómo curarlas. El proceso de aprendizaje continúa y se expande, ya durante casi veinte años, y esperamos que nunca se detenga. Existe un dicho que dice que eres un viejo cuando acabas de aprender.

Capítulo 3

Puentes entre lo sutil y lo físico

Para realizar este trabajo debemos usar la intuición de un modo muy preciso. ¿Cómo lo hacemos? Nuestra cultura nos ha llevado a creer en lo que está demostrado, y a desconfiar o dar un estatus menor a cualquier cosa que no se ajuste al A + B = C. Todas las ramificaciones de este enfoque del mundo en general se conocen como el método científico.

Edward De Bono, en la década de los 60, describió la diferencia entre un pensamiento vertical y un pensamiento lateral. El pensamiento vertical implica demostrar algo y luego ponerlo junto a otra cosa demostrada. Sólo entonces es posible deducir algo que vaya más allá y ponerlo encima de las dos cosas previas, como un muro de ladrillos.

Este proceso puede continuar hasta que hayas levantado el muro, con todo claramente demostrado y aceptado como verdadero. Es muy probable que el muro sea tan alto y complicado que no puedas ver lo que hay al otro lado y te quedes aislado ahí detrás.

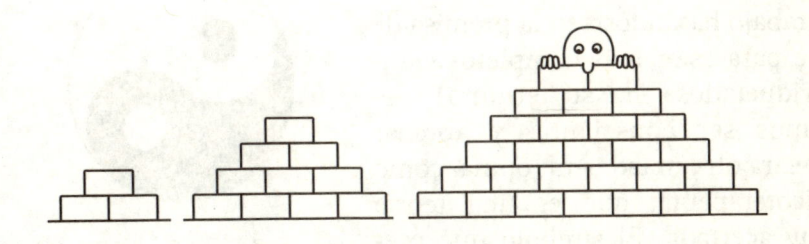

Figura 3.1.— Ilustración del proceso del pensamiento vertical.

•• Curar casas enfermas

El pensamiento lateral es como hacer un rompecabezas con un número infinito de piezas, y sin ningún modelo en la caja. Así se configuran los bebés su visión del mundo, mucho antes de decir palabras. Observan lo que ocurre a su alrededor y, gradualmente, hacen conexiones como éstas: «cuando me sientan en la silla alta, es posible que me den comida» o «si me ponen el abrigo, es muy probable que salgamos a la calle». Hacen encajar piezas del rompecabezas y cada vez habrá más y más imágenes que, en algún momento, podrán unirse entre ellas para hacer un todo. Con la excepción de que el rompecabezas de la vida es infinito, y lo que tenemos en la cabeza en cualquier momento sólo es una colección de hipótesis que sirven para el aquí y ahora. Puede que algunas de las hipótesis fueran descartadas inmediatamente porque no encajan con ninguna otra pieza del puzzle, incluso si está demostrado que son correctas: parece como si pertenecieran a otro puzzle. Otras piezas estarán encima de la mesa eternamente porque son esenciales para la imagen de nuestro mundo individual. El pensamiento lateral es básico para la medición y la curación y la única prueba es que funcionan; es decir, los individuos observan y juzgan los resultados y encuentran el lugar dónde estas piezas encajan en su propio rompecabezas tal y como lo habían configurado hasta ahora.

Estos conceptos de nuestros procesos del pensamiento podrían interpretarse como masculinos y femeninos. En este sentido, el principio básico del *Anima/Animus* del psicólogo Carl Jung es muy representativo. Jung propuso que, independientemente del género físico que demuestran nuestros cuerpos, psicológicamente todos tenemos componentes masculinos y femeninos. A los femeninos en el hombre los llamó *Anima*, y a los masculinos en la mujer *Animus*, y trabajó basándose en la premisa de que para estar más completos («individuetados» era su término), debemos ser conscientes y abrazar nuestra otra mitad. Ann opina, como psicoterapeuta, que es una teoría muy acertada. El símbolo que presentamos a la derecha ilustra la teoría de Jung.

Figura 3.2.— El símbolo del Yin/Yang que ilustra la teoría de Jung.

Puentes entre lo sutil y lo físico

Observamos en nuestros grupos de alumnos que los hombres y las mujeres pueden ser (aunque no siempre es así) opuestos. Muchos hombres se sienten más cómodos y los han educado con más rigor en el pensamiento vertical, así que necesitan ayuda para utilizar el lateral. Las mujeres tienen más tendencia a estar siempre ocupadas haciendo rompecabezas y a veces no son lo suficientemente lógicas como para construir una cuestionario claro, algo esencial para una medición eficaz. Así que, la teoría de Jung no sólo es provechosa en términos de los resultados obtenidos, sino que además anima al practicante en su camino hacia el todo. Algunas tendencias en nuestra sociedad demuestran que las mujeres se están convirtiendo en unas expertas científicas o ingenieras, y los hombres en unos magníficos cuidadores y curadores. Históricamente, los hombres o las mujeres con un pensamiento lateral han disfrutado de un estatus y una recompensa económica menor que aquellos y aquellas que usaban un pensamiento vertical, a menos que se hicieran famosos o tuvieran mucho éxito.

Además, podemos utilizar la idea de que cada parte del cerebro se encarga de las funciones de los distintos pensamientos. La parte izquierda del cerebro gobierna la parte derecha del cuerpo en el aspecto físico. En los estudios donde se utiliza la simbología, como la interpretación de los sueños, las experiencias del lado derecho suelen estar influidas por la parte masculina. En el aspecto mental, la parte izquierda del cerebro se encarga de la lógica, el pensamiento que construye muros de ladrillos. La parte derecha del cerebro gobierna la parte izquierda del cuerpo, la femenina, en el aspecto físico; en el aspecto mental piensa de modo lateral y usa la intuición.

Medir implica las dos partes, y en concreto es básico poder cambiar de la una a la otra fácilmente, como si encendiéramos un interruptor. En el cerebro hay una parte física llamada *corpus callosum*, que conecta las dos partes del cerebro, está diseñado con ese propósito, ¡así que no estamos hablando de algo imposible!

El término *gnowing* se ha acuñado para el resultado de esta combinación de funciones cerebrales. En estudios pioneros sobre esta materia, la terminología todavía sigue evolucionando y aún no se ha fijado nada: sin embargo, esto tiene algunas ventajas porque permite que la materia se desarrolle sin demasiadas restricciones.

•• Curar casas enfermas

Niveles de consciencia

A continuación presentamos un diagrama de lo que ocurre en nuestro interior cuando se hace un estudio de este tipo:

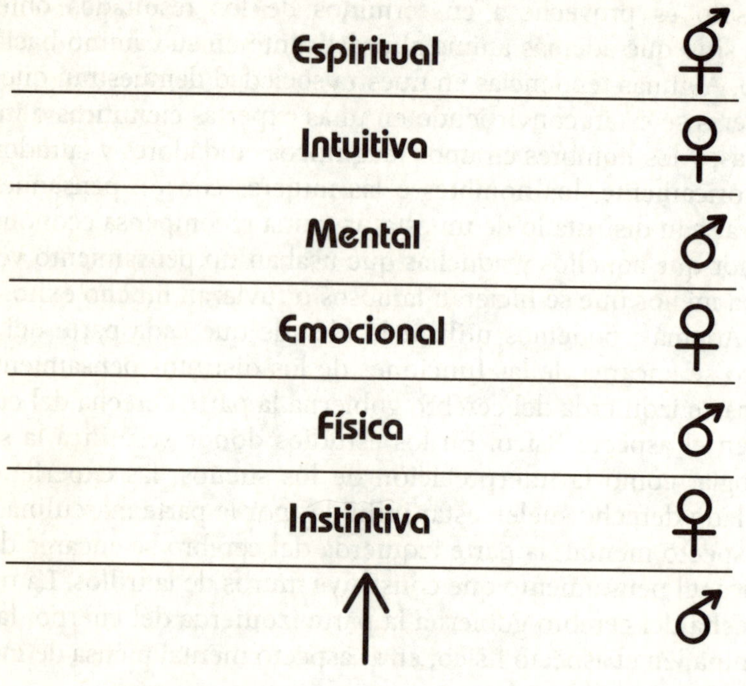

Espiritual	♀
Intuitiva	♀
Mental	♂
Emocional	♀
Física	♂
Instintiva	♀
↑	♂

Figura 3.3.— Niveles de consciencia humana.

Aquí hay siete niveles de consciencia humana. Sólo es un mapa muy útil, entre otros, pero el número siete aparece bastante a menudo en varias filosofías sobre la condición humana. En el margen derecho hemos marcado la orientación masculina o femenina del nivel. El jeroglífico de Marte (♂) representa lo masculino, se usa para hacer referencia al hombre en los informes médicos y también es el jeroglífico astrológico del planeta Marte, el

Dios masculino de los romanos (Ares para los griegos). El jeroglífico de Venus (♀) representa lo femenino, mujer en los informes médicos, la Diosa femenina. Cuando se relacionan con la medición, intentamos utilizar tanto el nivel mental, que está en el lado masculino, y la intuición, que está en el femenino, como se ve en la figura 3.3.

Desde el punto de vista masculino, es difícil diferenciar entre los niveles instintivo, emocional e intuitivo, y uno puede sentirse amenazado. El nivel emocional implica tener sentimientos hacia algo y a la hora de medir tiene que dejarse de lado. Si te preocupan los gritos de tu hijo en medio de la noche, no estarás en absoluto lo concentrado que deberías para elaborar, por ejemplo, un remedio homeopático, porque sentirías la necesidad de ver si tiene síntomas de alguna enfermedad grave y te preguntarías si debes llamar al médico. Estarías demasiado involucrado emocionalmente como para usar tu intuición aislada y hacerte una idea clara de lo que se necesita. Todos tenemos montones de preocupaciones emocionales encerradas en los distintos departamentos del cerebro, y si salen a la superficie mientras se rastrea, empañan el trabajo. Citamos a continuación a la doctora Christine Page:

> «La intuición se ha definido como "el intelecto sin miedos" y como "el conocimiento inmediato de la verdad porque esencialmente existe". Está al alcance de todo el mundo, ayuda a caminar con un objetivo firme manteniendo una visión clara. Aún así, a pesar de ser conscientes de tal capacidad, son muchos los que fracasan al seguir sus consejos, que a veces pueden parecer ilógicos, egoístas o desacordes con la sociedad. Únicamente a posteriori nos arrepentimos de no habernos dejado guiar por ella. Algunas personas creen que son intuitivas cuando escuchan sus sentimientos más íntimos, sin darse cuenta de que esas sensaciones van estrechamente ligadas a recuerdos emocionales del pasado que puede que ya no sean ni apropiados ni fiables.»

Para confiar en tu intuición, y por lo tanto en la medición, que lo está demostrando, necesitas desprenderte de lo que sientes sobre la situación en cuestión. Mucha gente no distingue entre la intuición y la emoción. Hace un tiempo dimos una conferencia y un reconocido neuropsiquiatra que estaba entre el público comentó que le parecía que Roy se encargaba de la parte lógica/mental de nuestro trabajo (un comentario que consideramos muy valioso) y que Ann se encargaba de la parte emocional. Ella se sintió bastante ¡enfadada! por ese comentario, puesto que había invertido mucho tiempo y esfuerzos intentando diferenciarlos y usar sólo el nivel intuitivo. ¡Él dijo que no conocía la diferencia! Sospechamos que para él todo eso pertenecía al saco de cosas «femeninas». Las emociones son absolutamente correctas, aunque a menudo nos educan para negarlas y esconderlas a nuestro modo británico, pero no son apropiadas para la medición y se tienen que expresar en ocasiones más idóneas.

El nivel instintivo es interesante en este contexto. A la psicología mayoritaria le repugna el término instinto porque considera que las definiciones son difíciles e imprecisas. Nuestra hipótesis hasta el momento coloca el instinto en el reino de la consciencia animal que hay en los humanos. Nuestra opinión es que, físicamete, seguimos un patrón muy parecido al de los animales, pero tenemos unas cualidades añadidas que nos hacen ser humanos. Al igual que los animales, los humanos tenemos algo en el interior que lucha por la supervivencia del individuo y de la especie. De modo que nos aseguramos comida y cobijo si fuera necesario, y procreamos y cuidamos de nuestros pequeños. En general, esto es muy poco relevante en el campo de la medición, aún así cuando se trata de energías terrenales y aspectos geopáticos del entorno, a menudo descubrimos que los animales son muy sabios en algunos aspectos que hemos olvidado o pasado por alto en nuestra «existencia civilizada».

Algunos animales, como los perros, evitan las energías negativas o agotadoras; a los gatos les encantan y a menudo descansan sobre lugares o líneas que serían perjudiciales para los humanos. Estos últimos tienen la reputación de absorber las vibraciones negativas en nombre de sus dueños o casas y de eliminarlas: lo que se conoce como el «síndrome del gato de bruja». Probablemente necesitamos hacer uso de nuestras facultades instintivas hasta cierto punto cuando estudiamos un caso de tensión geopática, pero no debemos hacerlo en exceso no vaya a ser que salgamos perjudicados en el proceso (*véase* «Protección» en el Capítulo 9).

Actividad cerebral

El diagrama que mostramos a continuación ilustra una escala de actividad cerebral usando conceptos que aprendimos de Maxwell Cade y Geoffrey Blundell.

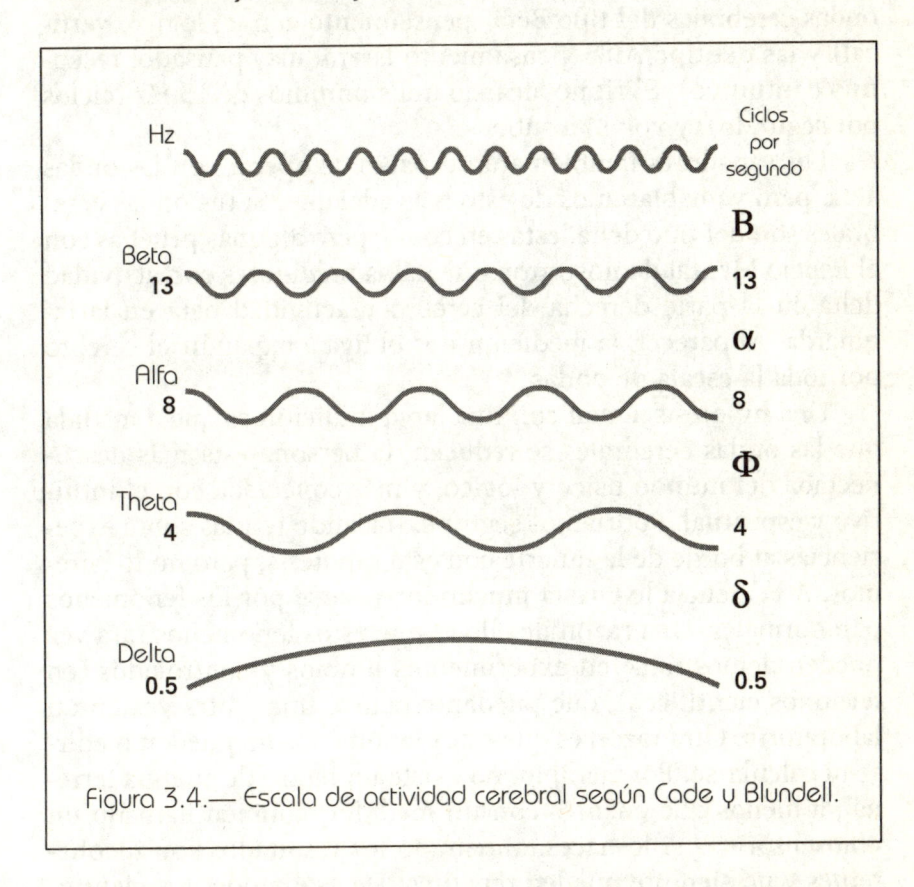

Hz	∿∿∿∿∿∿∿∿∿	Ciclos por segundo
Beta 13	∿∿∿∿∿	B 13
Alfa 8	∿∿∿	α 8
Theta 4	∿∿	Φ 4
Delta 0.5	⌒	δ 0.5

Figura 3.4.— Escala de actividad cerebral según Cade y Blundell.

Max fue uno de los principales especialistas en estados mentales durante las décadas de los años 70 y los 80 del pasado siglo XX; el título de su libro escrito con Nona Coxhead es *The Awakened Mind* (*véase* Bibliografía y Referencias 8.2). Geoffrey creó el espejo mental, que mide, sobre una base continua, la actividad eléctrica del cerebro mientras la gente está haciendo diferentes tipos de cosas con sus mentes. Este sofisticado invento fue el resultado de desarrollar un instrumento que quizás usarían en el hospital si te hubieras dado un golpe en la cabeza. Los médicos te pegarían unos electrodos en la cabeza (no duelen, sólo dejan una sensación pegajosa cuando te los han quitado) y obtendrían una lectura de lo que hacían los impulsos eléctricos intercelulares del cerebro, sólo para asegurarse que no habías sufrido daños en el cráneo. Quedó claro que los medidores nadaban entre dos aguas: las ondas cerebrales del tipo Beta (pensamiento activo, lógico, vertical) y las del tipo Alfa (pensamiento lateral más pausado, receptivo e intuitivo). El ritmo alcanzó unos mínimos de 13 Hz (ciclos por segundo), y volvió a subir.

Los sanadores también eran capaces de operar con las ondas Teta, pero ya hablaremos de esto más adelante. Si tus ondas cerebrales son del tipo delta, estás en coma, pero algunas pruebas con el Espejo Mental demostraron que había medidores con actividad delta en la parte derecha del cerebro y actividad beta en la izquierda. Al parecer, la medición nos obliga a expandir el cerebro por toda la escala de ondas.

Una hipótesis actual con una larga tradición es que a medida que las ondas cerebrales se reducen, la persona está más desconectada del mundo físico y lógico, y más conectada con el intuitivo y espiritual. Podríamos seguir explicando teorías sobre experiencias al borde de la muerte con esta hipótesis, pero no lo haremos. A la ciencia le cuesta mucho interesarse por los fenómenos paranormales. Una razón de ello es que estos fenómenos rara vez pueden demostrarse en experimentos limpios y controlados (en términos científicos), que puedan repetirse una y otra vez en un laboratorio. Otra razón es que estos fenómenos no pueden medirse ni calcularse. Por ejemplo, no existe un metro de energía terrenal, a menos que cuentes con un medidor, también llamado un «biosensor». Y si lo haces, a menudo los resultados son incoherentes y no siempre pueden repetirse. De este modo, los científicos que deciden aventurarse en este campo no tardan demasiado en descubrir que sus colegas no los consideran buenos científicos, algo que no es nada positivo para sus carreras. Sin embargo, para aquellos lectores que necesiten hacerse una idea del marco donde debe recogerse lo paranormal junto a lo físico, recomendamos *The Vortex* de David Ash y Peter Hewitt (véase Bibliografía y Referencias 3.2).

Energía y materia

«La materia está formada por vórtices de energía» es un concepto que se ha recuperado de los antiguos tiempos de la formación Yogi. En términos generales, Ash y Hewitt sugieren revisar la teoría vórtice de la materia propuesta por sir William Thomson (más tarde Lord Kelvin) a finales del siglo XIX. En esta teoría, sir William propuso la idea de que la energía estaba compuesta por vórtices de energía que tenían la apariencia de partículas sólidas, en vez de la teoría aceptada en aquella época de que la materia estaba compuesta por minúsculas e indivisible partículas sólidas.

La mayoría de los científicos más importantes de aquella época apoyaron esa teoría. Sin embargo, la teoría de las partículas fue aceptada como la base de la materia durante la primera parte del siglo XX. Más tarde se descubrió que el átomo no era la partícula más pequeña, sino que estaba formado por electrones y otras partículas, o cargas, en órbita.

La teoría de los vórtices sostenía que la partícula elemental era un vórtice de energía pura donde los movimientos subyacentes se producían a la velocidad de la luz. En otras palabras, la materia de nuestro universo físico está hecha de energía que se mueve a la velocidad de la luz. Esta teoría es coherente con la de Einstein, que sostiene que el límite para los humanos es la velocidad de la luz y que, a velocidades que se le acerquen, el tiempo y el espacio sufren cambios fundamentales. Así, la velocidad de la luz determina el límite del universo físico, o la frontera de nuestro mundo material.

Sin embargo, no parece haber ninguna razón para suponer que no hay energías que se muevan a velocidades mayores que la de la luz. En un universo así, la materia todavía podría estar formada por vórtices; pero esta materia no sería perceptible desde nuestro universo. Los seres de ese universo a mayor velocidad se verían existiendo en un sentido material parecido al nuestro, aunque tendrían una leyes físicas distintas, a pesar de que fueran capaces de percibir nuestro universo más lento (¡y posiblemente les costaría entender las limitaciones!).

•• Curar casas enfermas

Algunos de los datos que se desprenden de los incorpóreos, almas de personas que han abandonado su cuerpo, confirmarán esta teoría. Se deduce que los movimientos entre universos, o estados del ser, tienen alguna relación con la manipulación de la velocidad de movimiento de la energía formativa. Es interesante observar que en algunos estudios se hace referencia a que la materia está formada por luz lenta.

Parece probable que los fenómenos de resonancia puedan utilizarse para conectar algunos de estos estados del ser. Está demostrado que un cantante puede romper una copa de vino si entona la nota correcta. La copa también tiene su propia nota cuando se golpea. Si la golpeas demasiado se romperá. El cantante entona una nota que es bien esa nota o bien una múltiple en términos de frecuencia, lo que provoca que la copa vibre igual. Continuando con la excitación causada por la nota del cantante, aumentando la amplitud de la vibración, la copa se romperá cuando la vibración exceda la fuerza del material.

Igualmente con un instrumento musical como el piano, cuando uno aprieta una tecla, descubre que otras cuerdas, además de la tensada, también vibran. Por ejemplo, si se toca la nota Do, se observará que la cuerda de la nota Do de la siguiente octava también vibra acorde con la primera. La explicación de este fenómeno es que las notas en una octava son múltiples directas, en términos de frecuencia, de las mismas notas en otras octavas. Este es el efecto resonancia, por el cual un objeto vibrará acorde con otro si los dos están en sintonía. Y estos efectos no sólo ocurren en la misma frecuencia, sino también a múltiples exactas de esa frecuencia.

Estos ejemplos demuestran cómo un nivel puede afectar a otro nivel. Así pues, parece posible que podamos relacionarnos con algunos de esos estados de existencia por medio del efecto resonancia si somos capaces de sintonizarnos en la frecuencia adecuada. El modo de conseguir ese estado de sintonización es difícil de explicar de un modo descriptivo claro pero los medidores y sensibles lo hacen con regularidad. El paso más importante es aceptar la posibilidad. Para Roy, el ingeniero lógico, descubrir que podía medir cuando tenía casi cincuenta años fue lo que lo convenció de que tenía la habilidad de sintonizarse, y que esa capacidad había sido latente durante todos aquellos años.

Puentes entre lo sutil y lo físico ••

A ti, lector, puede que no te intereses por estos conceptos y pienses que son una tontería. Quizás lo son, pero son pensamientos interesantes que vale la pena tener presentes cuando uno se involucra cada vez más en algunos de esos acontecimientos llamados paranormales. En gran parte convivimos con una colección de hipótesis porque las pruebas que la ciencia necesita no pueden acoger estas dimensiones de la consciencia humana. Debemos confiar más en el/la *gnowing* que en el conocimiento y unir las piezas de nuestros rompecabezas personales de la experiencia de la vida lo mejor que podamos.

A nuestro alrededor existen muchas actividades imposibles. Una de las más antiguas y más fáciles es la medición. Nadie ha demostrado todavía cómo funciona. Luego está la vigilancia a distancia, desarrollada y puesta en práctica por el ejército. Sai Baba es, probablemente, el ilusionista más famoso que altera los objetos de la nada. Las cucharas que se doblan sólo son un sencillo ejemplo. Luego están los dibujos en los campos, un fenómeno realmente importante que podría considerarse imposible, pero se suceden año tras año. Y, por supuesto, están los ovnis. Durante años se han hecho estudios, muchos de ellos a partir de testimonios completamente fiables. Sin embargo, oficialmente ¡no existen!

Al echar un vistazo a cualquier construcción antigua de piedra se observan unas piedras enormes e irregulares que encajaban perfectamente. Al parecer, este proceso se hacía sin ninguna ayuda mecánica, que por otra parte hubiera tenido que ser muy grande para soportar el peso de aquellas piedras. ¿Acaso se hizo por teletransporte? ¿Quizás los antiguos tenían el secreto de los aparatos que no consumen energía? Existen ejemplos por todo el mundo. Con las mediciones y las curaciones trabajamos con varios niveles o dimensiones de consciencia simultáneamente.

Así que, al parecer, el límite para expandir nuestra experiencia serían nuestros propios procesos mentales y nuestra falta de habilidad para considerar un nuevo paradigma al margen de las bases materialistas actuales. Este límite está controlado por varios intereses creados ya sea por los patrocinadores comerciales o bien por la reputación de los expertos.

Las experiencias obligan a mucha gente a plantearse un paradigma mayor y la Red Científica y Médica (*véase* Apéndice 1, Fuentes) está realizando muchos estudios para investigar los modelos y las posibilidades.

En nuestro caso, Roy observó que Ann podía saber cosas intuitivamente. Había ocasiones que llamaba a casa cuando estaba de viaje y, aunque las circunstancias no hacían que llamara a una hora determinada, Ann siempre contestaba el teléfono diciendo que sabía que era él. Una vez, cuando llamó desde los Estados Unidos, Ann cogió el teléfono al primer tono. Roy le dijo que debía de estar en el escritorio y que había sido muy rápida. Ella dijo: «Oh, no. Estaba en el jardín tendiendo la ropa». Roy le contestó que no podía haber entrado en casa tan deprisa. «Bueno, sabía que estabas a punto de llamar, así que he dejado la cesta en el suelo y he entrado en casa. ¡El teléfono ha sonado justo cuando iba a cogerlo!»

En otra ocasión, Roy se quedó retenido en París porque había una fuerte tormenta y el avión no podía salir aquella noche. Llamó a Ann desde el hotel para decirle que regresaría al día siguiente. Ella le preguntó: «¿Qué te ha pasado hacia la una y media del mediodía? He notado un fuerte golpe en la frente y el dolor de cabeza me ha durado hasta hace media hora». Roy le dijo que se había golpeado contra una puerta de cristal en la frente y que casi se queda inconsciente. Había tantas coincidencias que quedó patente que estaba ocurriendo algún tipo de proceso sutil.

El ejemplo más impresionante le sucedió a Ann en 1963 y la hizo temer por su salud. Su padre murió en su vieja casa de Herefordshire. Tenía cincuenta y siete años y no nos había dicho que tenía un problema de corazón. Un día, en lo más crudo de aquel frío invierno, Ann estaba en Surrey bañando a sus dos hijas, que por aquella época tendrían cuatro años y uno y medio, cuando percibió con los ojos de la mente una imagen horrorosa y cayó helada al suelo del baño. Por la tarde se fue a clase de pintura, su principal válvula de escape del trabajo de ama de casa en aquella época, e intentó, sin éxito, pintar la escena.

Cuando volvió a casa, Roy estaba fregando los platos, una experiencia sin precedentes (a pesar de que la ha repetido más tarde, después de jubilarse, con ayuda mecánica). La hizo sentarse y le dijo que su padre había estado intentando descongelar el sistema hidráulico doméstico y que lo habían encontrado muerto sobre un brasero de carbón ardiendo. ¡Era la escena que había percibido!

Aquella noche, como estaba despierta porque no podía dormir, vio a su padre sentado en la cama, llevaba una chaqueta vieja a la que le faltaba un botón, y le dijo que había sido una muerte instantánea, que no había sufrido. (La autopsia del día siguiente confirmó que había sufrido una trombosis coronaria.)

Mientras aquella confesión le resultó de lo más confortante en medio del susto y el dolor, también estaba preocupada por las percepciones (no eran «normales») y tenía miedo de que la encerraran en el psiquiátrico si se lo decía a alguien. Roy las aceptó como algo más curioso que patológico cuando Ann se lo dijo. El párroco vino a casa a darnos las condolencias y Ann tanteó el terreno para ver cómo reaccionaba. El párroco retrocedió, pero le prestó un libro, *The Imprisoned Splendour* de Raynor Johnson (*véase* Bibliografía y Referencias 2.4), un físico australiano con teorías e historias sobre otras dimensiones de la consciencia. Ahí empezó nuestro viaje de comprensión.

La teosofía, un esquema del entendimiento que se manifestó a finales del siglo XIX, propone una jerarquía de niveles de consciencia muy parecido a nuestro diagrama anterior, y lo amplía a cómo trabaja la consciencia en el espacio entre dos vidas. Puede que dé un gran salto. De todos modos, el concepto es el siguiente: cuando abandonamos el cuerpo físico nos quedamos en *el resto* que, a su vez, también abandonamos mientras que la consciencia retiene un átomo central de memoria. El siguiente paso después de lo físico es lo etéreo, o el aura, que un grupo de sanadores y otras personas pueden percibir. Después viene lo astral, o el cuerpo emocional. Parece ser que las presencias, fantasmas y manifestaciones similares, de los que hablaremos en el Capítulo 6, están atrapados en este nivel y necesitan ayuda para seguir adelante. En el siguiente nivel, el mental, a veces hay contacto con personas físicas en forma de información que el alma incorpórea puede recoger: un ejemplo de esto es la escritura automática que se transforma en una manifestación física.

Es más difícil que los niveles superiores nos afecten directamente, pero existe la creencia de que el ser humano puede recoger más consciencia en los niveles intuitivo y espiritual, como se acaba de describir.

•• Curar casas enfermas

Visualización

Otra área de investigación, que se ha demostrado para probar la existencia de un puente entre lo sutil y lo físico, es la nueva disciplina conocida como psiconeuroinmunología (¡menudo trabalenguas!). Descubre y demuestra los mecanismos de los fenómenos que hemos percibido en la vida diaria, como las enfermedades psicosomáticas, en las que lo que sientes y lo que piensas hacen variar tu salud física, provocando cambios químicos en el cuerpo.

Durante mucho tiempo ha existido la creencia de que alguien puede cambiar las cosas con pensamientos positivos y adecuados, como en la frase «la mente sobre la cuestión». Durante la década de los pasados 70, Carl y Stephanie Simonton, de Texas (*véase* Bibliografía y Referencias 6.7), dieron un paso adelante muy importante en este campo. Carl trabajaba como radiólogo con pacientes con cáncer. Un día quedó muy sorprendido cuando descubrió que una de sus pacientes estaba mucho mejor de lo que él esperaba, así que le preguntó qué hacía para alcanzar una mejora tan notable en su salud. Ella le dijo que cada día se pasaba un rato sentada tranquilamente, utilizaba la imaginación y visualizaba el cáncer reduciéndose y desapareciendo. Stephanie, que es psicoterapeuta, tomó prestada la idea y organizó a los pacientes de Carl por grupos para que trabajaran en ellos mismos de un modo parecido. Los resultados fueron muy esperanzadores, y este sistema de visualización se ha convertido en una herramienta muy importante que se ofrece a los enfermos de cáncer que buscan vías alternativas de autoayuda mientras siguen los tratamientos médicos.

¿Qué es esta visualización? Es un trabajo interior, utiliza el poder del hemisferio derecho del cerebro para influir en lo que está ocurriendo en el organismo. A menudo se confunde con las técnicas de relajación y de meditación, sobre todo porque éstas suelen enseñarse a personas en esa misma situación. La relajación consiste en desprenderse de la tensión física, y las técnicas de relajación llevan cincuenta años o más enseñándose sobre la base del trabajo de unas pioneras como Jane Madders y Laura Mitchell. Es un preliminar muy adecuado para la meditación y la visualización, porque estas últimas funcionan mejor si el cuerpo no está tenso. Las maneras de dedicarse a la meditación son muchas y variadas, exclusivamente para el individuo, pero el objetivo es que la mente alcance un estado pasivo. En el campo de la autoayuda para los enfermos de cáncer, el ya retirado psiquiatra Dr. Ainslie Meares escribió y enseñó la materia en Australia (*véase* Bibliografía y Referencias 6.6).

La visualización, en cambio, es un estado mental activo. La persona crea un escenario, a veces con la ayuda de un terapeuta experto en este tema, en el que observa el proceso del cáncer mientras se reduce y desaparece, mientras el individuo goza de una salud pletórica. Todo esto se hace con la ayuda de imágenes, que es la razón de la aparición de la palabra visual. De hecho, no es necesario ver ni dibujar nada, basta con saber que el proceso que has creado está presente, está pasando como si fuera de verdad. Algunas personas tienen una imaginación visual muy realista, lo que les resulta de gran ayuda, pero otras se desaniman porque no la tienen: no es necesario, vale cualquier tipo de sensibilidad.

La visualización es una manera de curarse uno mismo. Puede extenderse a ayudar a otros de un modo que muchos llamarían una plegaria: si te imaginas que alguien está bien y sano, le pides a tu fuente de salud que manifieste esa visualización; funciona de un modo similar a esto. En una reciente conferencia, el Dr. Peter Fenwick ofreció detalles de algunos proyectos de investigación científica que habían demostrado la eficacia de rezar por alguien, que él equiparó con la curación. William Harris, del Hospital St. Luke de Kansas City, Missouri, que estudiaba los casos de los pacientes que llegaban a la unidad de cuidados coronarios, llevó a cabo uno de estos proyectos. Descubrió que los resultados de los 466 pacientes del grupo por los que alguien rezaba eran notablemente mejores que los de los 524 por los que nadie rezaba (sin que ninguno de ellos lo supiera). El grupo de los que recibían oraciones se recuperó más deprisa y sufrió menos.

Hay un gran número de descubrimientos recientes en este campo de las relaciones y las conexiones, de los puentes entre la consciencia sutil y la experiencia física, algunos de ellos investigados y conocidos, muchos todavía esperan en el área del conocimiento humano.

Capítulo 4

La medición como herramienta de detección y diagnóstico

En este capítulo empezamos fijándonos en las distintas formas de explicar la actividad de medir y luego describiremos la práctica. Si lo que deseas es practicar con una lección de medición, ve al Capítulo 8.

¿Qué es medir? Lo describiríamos como un proceso de adquisición de información no intelectual. El modo habitual de adquirir información es crearla a partir de una serie de hechos a partir de los cuales pueden deducirse otros, como se ha explicado en el capítulo anterior. Este proceso puede continuar a largo plazo y se pueden obtener respuestas a cuestiones muy complejas. Es la base del proceso deductivo científico, o método ascendente de recopilación de datos.

La otra posibilidad es proponer la cuestión (parte izquierda del cerebro) y recibir, o reconocer, la respuesta sin proceso intermedio, el método descendente. La medición funciona así. Por supuesto, la pregunta obvia es «¿de dónde viene la información?». Muchos de nosotros tendremos a no creernos nada a menos que podamos entender el mecanismo o proceso utilizado. Éste es uno de los problemas con la investigación científica sobre la medición, porque es necesario un paradigma diferente.

No reivindicamos que sepamos cómo funciona la medición exactamente. Sabemos que funciona. También sabemos que, para que sea una herramienta eficaz, se debe tener cuidado y buen criterio. Así que os propondremos algunas ideas para que las consideréis. En primer lugar, estamos bastante seguros de que no es un caso de los que encontraremos algún tipo de emanación de, digamos, agua. Aparentemente parece razonable. Un medidor camina por un campo con sus varillas y éstas se mueven cuando pasan por encima del agua. Así pues, el razonamiento es el siguiente: el medidor debe percibir algún tipo de influencias invisibles en ese punto debido a la presencia del agua. Sí, pero si el medidor puede localizar el agua a kilómetros de distancia y localizar con exactitud el punto en un mapa, entonces la teoría no es válida. Igualmente, algunos medidores pueden localizar cortes en los sistemas de transmisión eléctrica y conducir al equipo de reparaciones hasta el punto exacto. Hay muchos más ejemplos de medidores que pueden detectar cosas a distancias considerables.

Consideraciones psicológicas

¿Cómo llega la psique humana a este punto? Vamos a analizarlo en términos de psicología transpersonal, planteada por primera vez por Assagioli (*véase* Bibliografía y Referencias 8.1) en la década de los pasados años 60. Assagioli demostró su teoría con el diagrama oval que reproducimos en la página siguiente.

El punto del centro representa el centro de la personalidad, el yo, el lugar desde donde observamos el mundo en cualquier momento. Inmediatamente a su alrededor está el área de la que somos conscientes ahora mismo. Más allá está el área del inconsciente que está cerca de la superficie, bastante asequible por medio de asociaciones y recordatorios (cerca del inconsciente). Luego las capas más profundas del inconsciente se dividieron entre las secciones superiores y las inferiores, que son mucho más accesibles a través de los sueños y las prácticas de visualización utilizando la función intuitiva de la parte derecha del cerebro, pero que sigue perteneciendo al individuo. La unión con el nivel espiritual del individuo se estableció a través del Yo Superior, más conocido comúnmente como Alma, que operaba alrededor del diagrama. Fuera de los límites del diagrama encontramos el inconsciente colectivo, compartido por todo el mundo. En esta zona podemos encontrar cualquier cosa que necesitemos saber. ¿Es quizás esta puerta a la que llamamos cuando medimos?

Al considerar los distintos modos de funcionar de la medición, debemos observar la naturaleza del ser humano no sólo más allá del cuerpo físico, sino también de la psique individual. La ma-

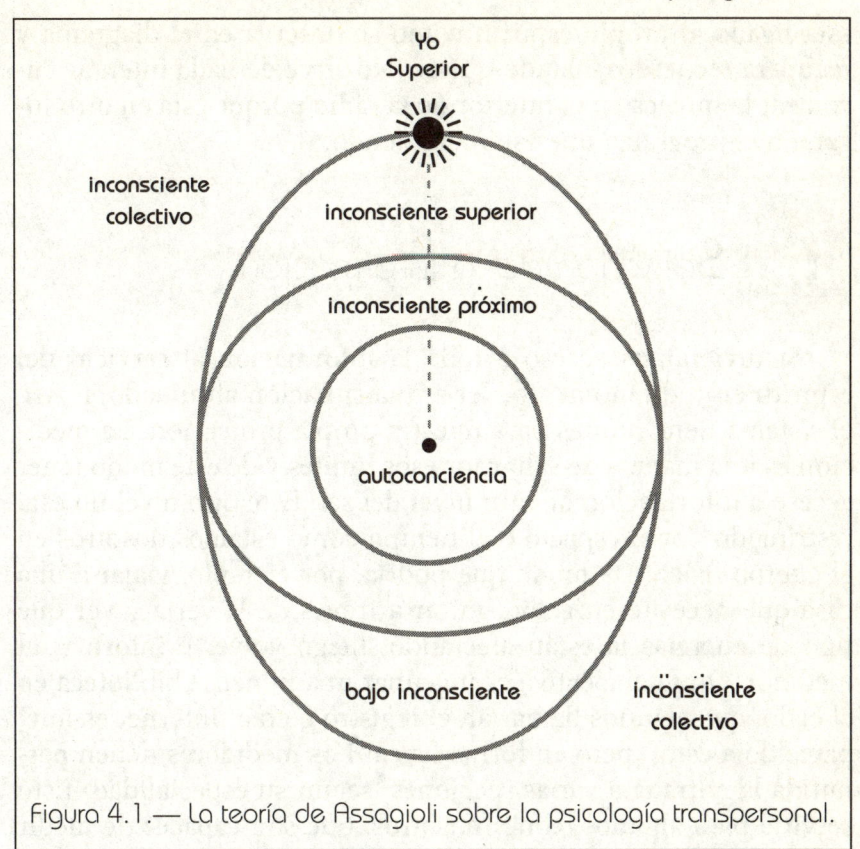

La medición como herramienta de detección y diagnóstico

```
                    Yo
                 Superior
                    ☀

  inconsciente
   colectivo       inconsciente superior

                   inconsciente próximo

                     autoconciencia

                                      inconsciente
        bajo inconsciente              colectivo
```

Figura 4.1.— La teoría de Assagioli sobre la psicología transpersonal.

yor parte de las religiones incorporan el concepto de un Espíritu Superior, Dios, Diosa o Creador, llámese como se llame. También predican que hay una parte de nosotros que sigue viva tras la muerte del cuerpo físico. Se han hecho muchos estudios sobre vidas anteriores y experiencias rozando la muerte que apoyan estos puntos de vista (*véase* Bibliografía y Referencias, Sección 2). Creemos que nuestro componente no físico existe en algún otro estado al que no podemos acceder como seres vivos físicos, pero que está estrechamente ligado a nosotros. De hecho, es esencial que esté ligado a nosotros, porque de otro modo el cuerpo no funcionaría. «Su espíritu nos ha abandonado: está muerto». Este concepto nos lleva a concluir que es posible que no guardemos los recuerdos en el cerebro, sino en este componente espiritual. Esto no quiere decir que no se acceda a los recuerdos a través del cerebro. Opinamos que el cerebro sería como una radio porque está ligado al propio espíritu como se observa en el diagrama y recupera recuerdos cuando quiere. No sirve de nada intentar encontrar la música en el interior de la radio porque está en otro lugar, en el programa que están emitiendo.

Selección de la información

Si tuviéramos acceso a toda la información al servicio del espíritu en todo momento, sería una situación abrumadora. Así, el sistema tiene límites para nuestra propia protección. La medición es una manera de saltarnos esos límites y de este modo tener acceso a información de otro nivel del ser. Este otro nivel no está restringido por el espacio o el tiempo como estamos nosotros en el cuerpo físico. De modo que podría, por ejemplo, viajar a una casa que necesite curación, mirar a través de la verja y ver qué tipo de energías la están afectando, luego volver e informar al medidor. Otra perspectiva es imaginar una inmensa biblioteca en el cielo, que algunos llamarían el registro etéreo. Internet es muy parecido a esto, ¡pero en forma física! Los medidores tienen permitida la entrada a varias secciones, según su especialidad. Esto serviría para algunos, como nosotros, que son capaces de medir con fines curativos, sin embargo no serviría de nada para encontrar objetos perdidos. En el campo de la medición existen especialistas igual que en cualquier otro campo.

Imagínate cualquier aparato de medición o grabación. Debe tener partes que estén en dos sistemas separados, aunque han de estar conectadas de algún modo. Por ejemplo, un voltímetro, como el que mostramos a en la página siguiente. El voltímetro tiene una espiral en la parte eléctrica y un muelle y un indicador en la parte mecánica. Ambas partes están conectadas a través de los efectos magnéticos inducidos por la corriente eléctrica que se mide. La espiral detecta la electricidad mientras el indicador se mueve para indicarnos el voltaje. No podemos determinar directamente el voltaje de la electricidad, sin embargo, el ojo humano puede leer e interpretar el movimiento del indicador. Hay muchos otros ejemplos de aparatos que utilizan dos sistemas diferentes. Un encendedor de gas piezoeléctrico es otro ejemplo. Si se

La medición como herramienta de detección y diagnóstico

Figura 4.2.— Un voltímetro.

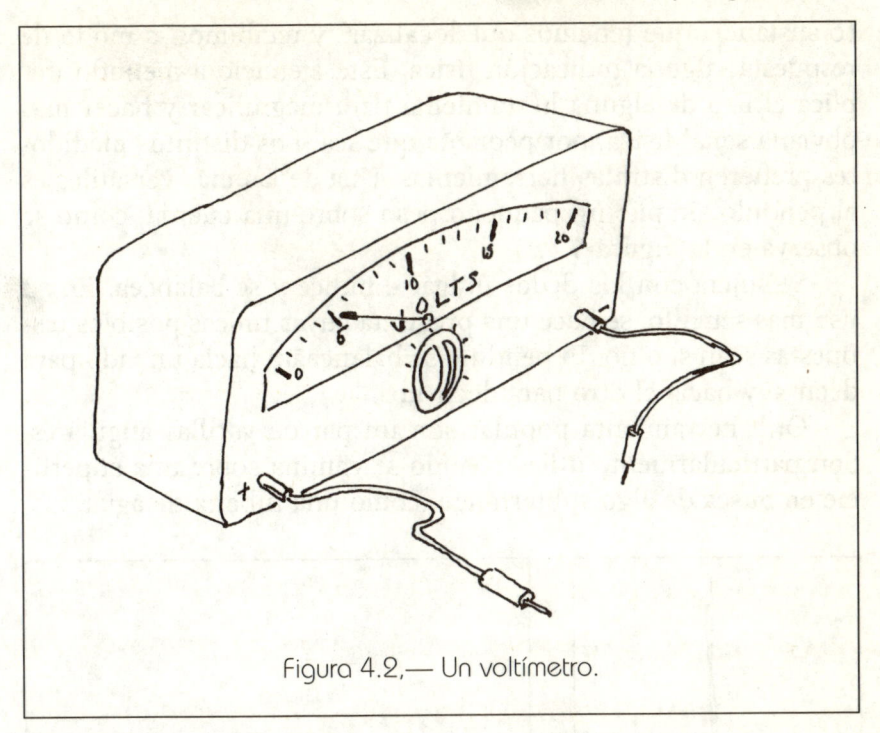

comprime un cristal de cuarzo se produce electricidad. Así que, en el encendedor de gas, se golpea una pieza de cuarzo con un martillo de resorte y el resultado es una chispa eléctrica que enciende el gas. Las células fotoeléctricas actúan en el espectro de la luz visible para modificar la corriente eléctrica. La franja bimetal que automáticamente apaga la tetera cuando el agua hierve reacciona ante el calor con un movimiento mecánico.

Herramientas de medición

Para relacionar estas analogías con la medición, algunas partes de los humanos existen en dos sistemas a la vez. El cuerpo físico y todo lo que lo rodea, con lo que estamos tan familiarizados, y la otra parte, no física, en su esfera de existencia. Nuestro «indicador en el dial» es algún movimiento o sensación físicos involuntarios. Cuando medimos, nos centramos en una cuestión (o sustancia que tenemos que localizar) y recibimos, a modo de respuesta, alguna indicación física. Este ejercicio a menudo implica el uso de alguna herramienta para magnificar y hacer más obvia la señal física, por pequeña que sea. Los distintos medidores prefieren distintas herramientas. Una de las más versátiles es el péndulo simple: un pequeño peso sobre una cuerda, como se observa en la Figura 4.3.

Se sujeta con los dedos pulgar e índice y se balancea. En su uso más sencillo, se hace una pregunta cuyas únicas posibles respuestas sean sí o no. El péndulo se balanceará hacia un lado para decir sí y hacia el otro para decir no.

Otra herramienta popular son un par de varillas angulares. Son particularmente útiles cuando se camina sobre una superficie en busca de algo subterráneo, como una tubería de agua.

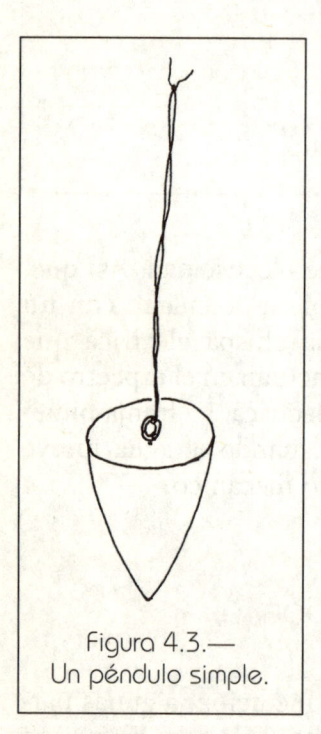

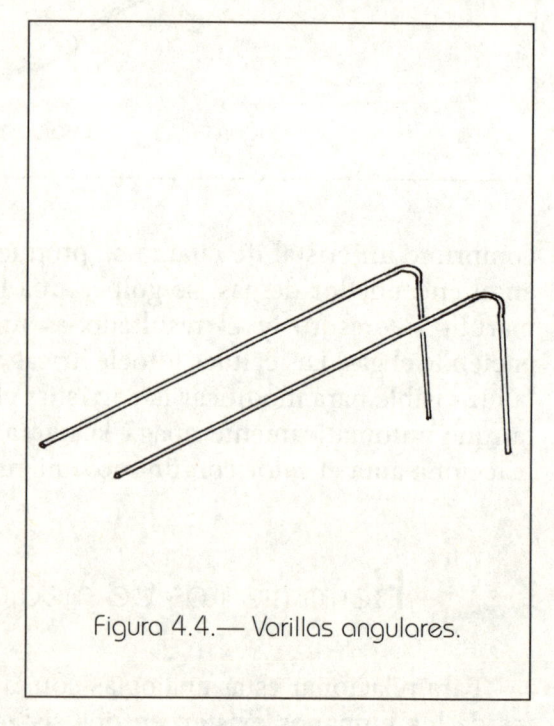

Figura 4.3.— Un péndulo simple.

Figura 4.4.— Varillas angulares.

Las varillas angulares se sujetan una en cada mano por la parte más corta y de forma paralela al suelo, los brazos siguiendo la línea de los hombros. El medidor camina hacia delante mientras centra toda su atención en el objeto que busca. La habilidad de visualizar (*véase* Capítulo 3) es muy útil en estos casos: cuanto más clara sea la imagen de lo que el medidor busca, más posibilidades tiene de encontrarlo y no confundirse con otros objetos que se encuentren en la misma zona. Al pasar por encima del objeto, las dos varillas se balancearán hacia dentro, o algunas veces, hacia fuera. Existen otros tipos de herramientas, como la rama ahorquillada (o varilla Y), o un peso en un alambre flexible conocido como *bobber*. Todas estas herramientas sirven para magnificar cualquier movimiento muscular involuntario, por pequeño que sea, para facilitar la percepción.

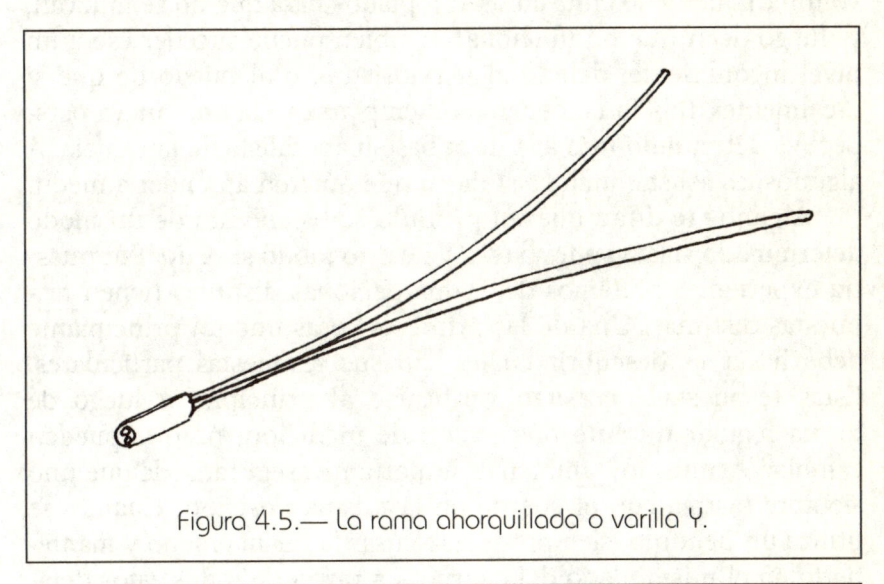

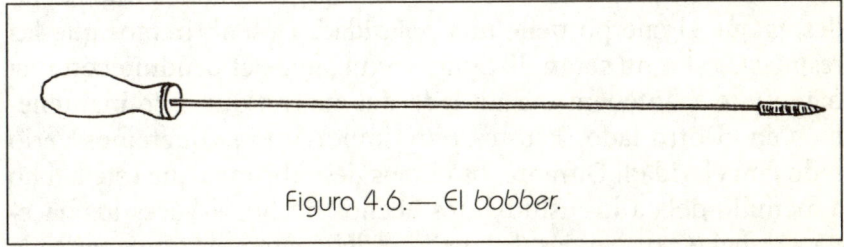

Figura 4.5.— La rama ahorquillada o varilla Y.

Figura 4.6.— El *bobber*.

El sistema de control del cuerpo que realiza el movimiento es involuntario. La gente observa los músculos del antebrazo y de la mano trabajando y te dicen: «Lo están haciendo deliberadamente», pero no es verdad. El medidor deja que se manifieste un meca-

•• Curar casas enfermas

nismo inconsciente. Este mecanismo es más obvio cuando alguien camina sonámbulo: se mueven, pero no los rige ningún control consciente. El mecanismo gobierna el trabajo del cuerpo sobre el cual tenemos poco o ningún control (como la digestión), del mismo modo que gobierna las extremidades o los músculos faciales. Podemos hacer, conscientemente, algunas modificaciones en nuestras funciones físicas, como por ejemplo respirar más hondo, pero no iremos demasiado lejos sin algún tipo de entrenamiento esotérico muy avanzado. Sin embargo, es posible inhibir los movimientos musculares que nos ayudan a medir. Podemos tensar voluntariamente los músculos apropiados para que no se muevan, ¡y luego decir que no funciona! También puede suceder eso a un nivel inconsciente, debido al nerviosismo, o al miedo de que si «realmente» funciona, deberá contemplarse toda una nueva perspectiva del mundo más allá de la base materialista de la ciencia. A algunos les asusta, incluso si dicen que quieren aprender a medir.

Algunos te dirán que un péndulo se balanceará de un modo determinado si la respuesta es sí y de otro modo si es no. Por nuestra experiencia podemos decir que personas distintas tienen respuestas distintas. Una de las primeras cosas que un principiante debe hacer es descubrir cuáles son sus respuestas particulares. Estas respuestas necesitan verificarse al principio, y luego de forma regular durante una sesión de medición, porque pueden cambiar. Asimismo, también es importante asegurarse de que uno siempre rastrea con el cuerpo en la misma posición. Cuando se utiliza un péndulo, siempre se debe usar la misma mano y mantenerlo en el mismo lado del cuerpo. La razón de todos estos detalles es que el cuerpo tiene una polaridad. Descubriremos que las respuestas sí o no serán distintas si sujetamos el péndulo con una mano y lo mantenemos a un lado del cuerpo que si lo mantenemos en el otro lado. Esto es muy importante si queremos verlo todo con claridad. Durante los cursos descubrimos que este hecho a menudo deja a los estudiantes hechos un lío. A veces los hacemos trabajar por parejas. El medidor debe tener al compañero a la izquierda para coger el péndulo con la mano derecha. Sin embargo, a medida que avanza el ejercicio el medidor tiende a girarse hacia la izquierda hacia el compañero. Los resultados de la medición empiezan a ser incoherentes y confusos y nos piden que les expliquemos las razones. Normalmente podemos argumentar que el medidor ha movido el brazo derecho hacia el lado izquierdo junto al compañero y que, en consecuencia, las respuestas se han alterado sin ellos saberlo. Tan pronto como se vuelven a colocar en la posición inicial, se restablece el orden.

Aparatos útiles

Hay medidores que utilizan otros aparatos. Uno es la Rueda de Mager. Es un pequeño disco de unos 7,5 centímetros de diámetro, que está dividido en varios segmentos de distintos colores. Mientras se rastrea con cualquier herramienta, se sostiene el disco entre el pulgar y el índice por un color determinado. La respuesta de la medición puede ser distinta dependiendo del color que se haya escogido. De este modo, el medidor es capaz de determinar la calidad del (digamos) agua que está investigando. Así, puede que una reacción al agua cuando se sostiene el disco por el segmento azul indique una fuente de agua potable y, si se sostiene por el segmento negro, sea una fuente de agua impura.

Otro aparato es un biómetro de Bovis. En esencia, es una escala graduada y puede utilizarse junto con un péndulo. Mientras el medidor se concentra en el problema en cuestión, se mueve el péndulo a lo largo de la escala hasta que se percibe alguna reacción en un punto determinado. La graduación donde se ha producido la reacción es un valor numérico relacionado con el problema. Por ejemplo, con este método se puede conocer la fuerza de una línea energética terrenal. Sin embargo, no creemos que los valores obtenidos sean absolutos como los resultados que se obtendrían de un voltímetro, independientemente de quien lo use. Los valores medidos con un Biómetro de Bovis pueden serle útiles a un medidor para fines comparativos, pero no podrían ponerse en común con los resultados de cualquier otro medidor. En cualquier caso, si alguien quiere obtener un valor numérico, puede usar una regla vieja como escala de números.

Para nosotros, estos aparatos adicionales no son demasiado útiles: es mucho más fácil practicar con una rutina numérica mental (o, si es necesario, sobre papel), y anotar cuándo se produce la reacción del péndulo. Los resultados, al parecer, son igual de válidos. Igualmente, determinaremos la calidad haciendo preguntas cuya respuesta sea, directamente, sí o no, antes que seleccionar un color en la Rueda de Mager y luego imaginar el significado del color. Sin embargo, estos aparatos son básicamente una ayuda para centrarse claramente en el problema en cuestión. Cada medidor deberá encontrar lo mejor para él o para ella y si estos aparatos adicionales le parecen útiles, entonces que los use.

Claridad

Ahora llegamos al aspecto más importante del proceso de medir: la claridad del foco de atención. Otro modo de describirlo es la precisión al hacer la pregunta para la que necesitamos respuesta. La claridad tanto sirve para el que utiliza un péndulo para encontrar qué aceite de aromaterapia debe usar como para el que camina por un lugar en busca de una característica concreta. El péndulo contestará (sí o no) a una pregunta. Por lo tanto, no sirve preguntar «¿De qué color es?». Uno debe preguntar «¿Es verde?», «¿Es rojo?», etc. hasta obtener un sí. Mientras se mide en busca, por ejemplo, de una alcantarilla, uno debe mantener en mente la imagen de una alcantarilla. Si no, uno puede encontrarse directamente con la tubería del agua, o con alguna energía terrenal, o incluso agua emanando de algún manantial subterráneo. Así, la claridad es esencial si queremos evitar los errores. Existe un dicho sobre los ordenadores: «Porquería que entra, porquería que sale». Esta frase también es aplicable a la medición. Si no haces la pregunta de forma muy clara, no obtendrás la respuesta correcta. Encaramos el cuestionario de la medición con la misma simplicidad pedante que se necesita con un ordenador.

Concepto

De lo que acabamos de decir se desprende que si no tienes un concepto de lo que buscas, la medición en su busca no tendrá éxito. ¿Por qué no? Porque si no tienes un concepto no puedes plantearte una buena serie de preguntas cuyas respuestas sean únicamente sí o no.

Por lo tanto, para determinar la forma de la energía terrenal en un lugar, uno debe tener una especie de marco conceptual en mente. No todos los medidores serán unánimes sobre cuál debe ser ese marco. Por lo que sabemos, el producto final debe ser capaz de curar (transmutar) las energías y transformarlas de inútiles en útiles. Crear un marco conceptual lo más sencillo posible cumple esa finalidad de un modo eficaz. No pasamos por alto que el sistema de energías terrenales pueda ser, en realidad, mucho más complejo; quizás lo es, y muchos medidores se encuentran con grandes dificultades. Sin embargo, mientras estas dificultades pueden ser muy interesantes, puede que no sean relevantes para el trabajo de medir. Después de todo, no es necesario conocer todas las sutilezas del engranaje del cambio de marchas para conducir un coche.

Nosotros nos hemos creado nuestro marco conceptual a partir de los principios que nos enseñó Bruce MacManaway. Nuestros principios son los siguientes: las líneas energéticas terrenales son rectas, tienen un ancho definido, una dirección del flujo de energía y una calidad. La Figura 4.7. muestra un típico plano de una planta baja de una casa como ejemplo. Se observan dos líneas energéticas y un lugar hundido. Utilizamos este término para designar un punto de energía terrenal en vez de una línea. Estos puntos pueden ser positivos o negativos y tiene un efecto parecido a las líneas sobre las personas. Sin embargo, parecen estar muy localizados, en un radio de unos treinta o cuarenta centímetros. Cuando rastreamos un plano, siempre empezamos escribiendo el nombre y la dirección del cliente en el papel. Creemos que es importante para que nosotros analicemos las energías del lugar en relación con las personas que viven en él. Podría suceder que se encontraran líneas energéticas terrenales distintas si las personas fueran otras. Para que la curación sea eficaz, uno necesita sintonizar con las energías en un nivel apropiado para las personas.

Normalmente sólo dibujamos los centros de las líneas energéticas, y luego establecemos la calidad y la anchura. Es todo lo que necesitamos para el trabajo de curación. Sin embargo, el dibujo muestra los extremos de las líneas energéticas para indicar,

•• Curar casas enfermas

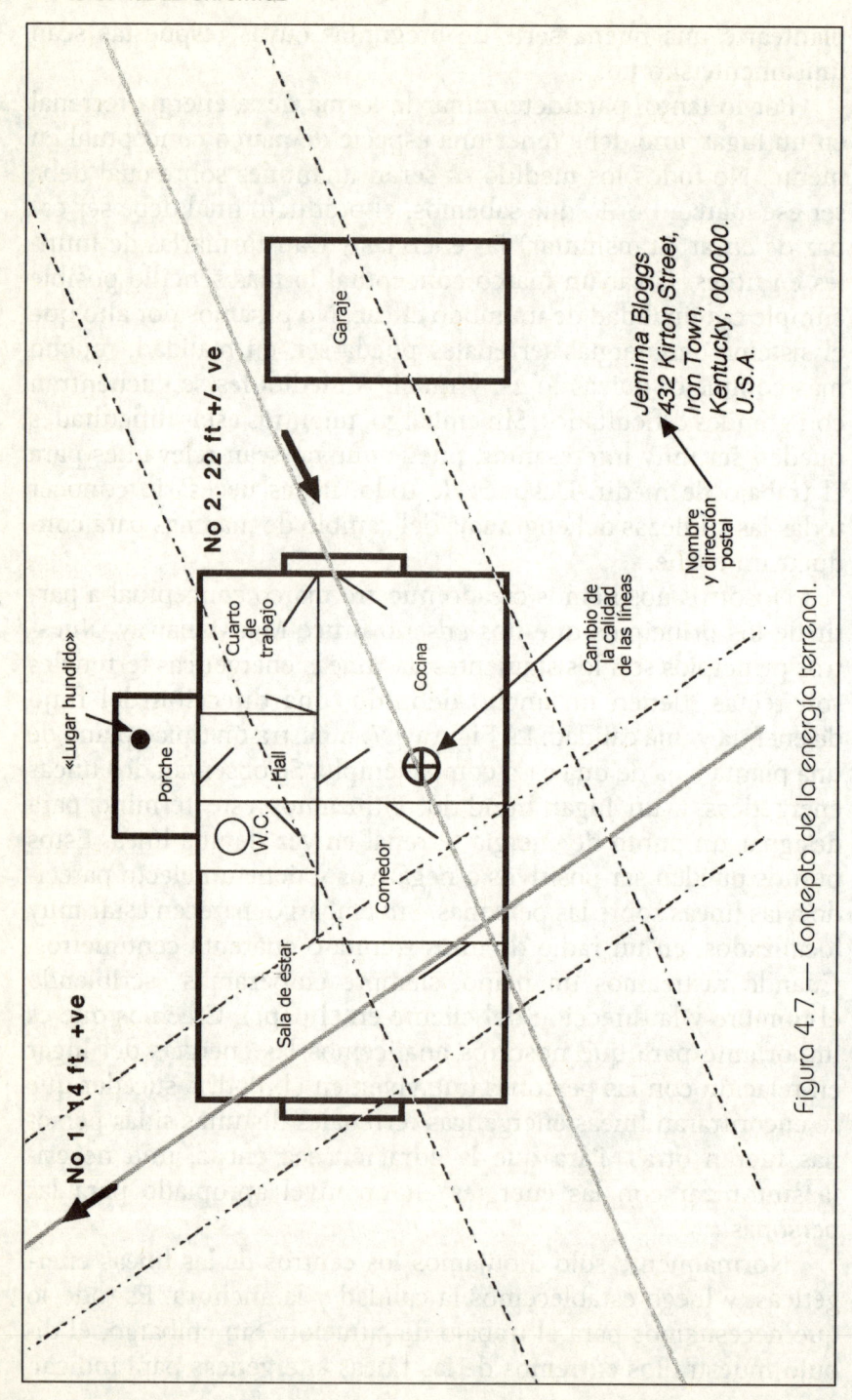

Figura 4.7.— Concepto de la energía terrenal.

No 2. 22 ft +/- ve

No 1. 14 ft. +ve

Garaje

Cuarto de trabajo

Cocina

Porche

«Lugar hundido»

Hall

W.C.

Comedor

Sala de estar

Cambio de la calidad de las líneas

Nombre y dirección postal

Jemima Bloggs
432 Kirton Street,
Iron Town,
Kentucky, 000000.
U.S.A.

•• 72 ••

La medición como herramienta de detección y diagnóstico

además, que en este caso la casa se ve afectada en casi su totalidad. No obstante, los efectos son más intensos en el centro y en los extremos. Se observará que la línea número 2 está marcada con un cambio de calidad dentro de la casa. Es algo habitual. Cuando se busca la calidad de las líneas es importante hacer preguntas positivas y negativas. Si la respuesta a ambas es sí, entonces debemos buscar el lugar de la casa donde se produce el cambio y determinar dónde está la sección positiva y dónde la negativa.

Cuando trabajamos sobre el terreno, podemos determinar la anchura midiendo mientras caminamos por la línea hacia unos ángulos determinados. Obtenemos tres reacciones a la medición que son como cruzar la calle. Hay un límite, la línea central y el otro límite. Cuando llevamos a cabo una curación sobre el terreno, como cuando clavamos una estaca de hierro en el jardín o colocamos un cristal, es esencial saber diferenciar entre los dos límites y la línea central. Bruce insistía en que equivocarse en más de 0,25 milímetros podía arruinar el trabajo de muchas horas. El resultado más probable de una estaca mal colocada sería que, en vez de curar la línea, la curvaría, lo que provocaría que las materias fueran peores y posiblemente acabarían afectando a otras casas. Descubrimos la dirección de la calidad y el flujo energéticos haciendo preguntas sencillas. Seguimos el consejo de Bruce: es importante estar fuera de la influencia de la línea al medir en busca de las calidades para evitar interferencias que conduzcan a imprecisiones, así que una medición del plano antes de visitar el lugar es esencial para saber dónde no tenemos que colocarnos.

Utilizamos la taquigrafía *positivo* y *negativo* para describir las calidades de la energía. Esta nomenclatura no debe tomarse como la polaridad eléctrica. Las líneas positivas mejoran cualidades como la salud, la felicidad, la armonía, etc., mientras que las negativas fomentan la enfermedad, la depresión, la discordia, etc. Cuando verificamos la calidad de cada línea energética terrenal, es aconsejable verificarla a lo largo y ancho del espacio que se rastrea. La calidad puede cambiar por cualquier motivo y es importante determinar la posición de cada cambio para luego realizar con éxito el trabajo de curación.

Al estudiar las calidades de las energías terrenales, uno debe ser consciente de cómo afectan a las personas. De este modo, cuando nos piden que midamos las energías de un lugar, generalmente necesitamos saber quién vive allí o, como mínimo, el nombre del propietario, y asegurarnos de que tenemos el permiso para hacer nuestro trabajo (véase Capítulo 9). Por lo tanto, hacemos nuestras preguntas de medición en relación con esa persona ya que lo que intentamos es establecer una compatibilidad entre las energías del lugar y las personas que viven en él.

Aparte de las características de la energía terrenal, también deben tenerse en cuenta el efecto de las presencias y la influencia de varias radiaciones electromagnéticas. Tratamos este tema en otros capítulos.

Cuando nuestros alumnos miden sobre el terreno, a menudo preguntan «Aquí noto una reacción, ¿qué es?». Nuestra respuesta es: «Bueno, ¿qué pregunta tienes en la cabeza?». Su respuesta habitual es: «¡Oh, no tengo ninguna pregunta en particular en la cabeza!». En ese caso, la solución podría ser utilizar un péndulo para hacer preguntas como: «¿Es agua?, ¿está en una tubería?, ¿es un surtidor?, ¿es un desagüe?, ¿es agua subterránea?, ¿es una característica de una energía terrenal?, ¿es una tubería de gas?, ¿es un cable eléctrico, una red de teléfono...?». Nuestra experiencia nos dice que casi todos los problemas en la medición pueden deberse a la poca claridad a la hora de concentrarnos en lo que necesitamos.

Medición de planos

Una gran parte de las mediciones las hacemos sobre plano. Es muy útil, ya que te ahorras tiempo y energía al no tener que desplazarte hasta cada lugar. La medición sobre plano puede utilizarse para encontrar una fuga de gas o de agua, un corte en las líneas eléctricas, o fenómenos subterráneos varios, como bolsas de aceite, minerales o ruinas arqueológicas. Sirven los planos impresos normales, incluso a menudo usamos un croquis de la zona que mediremos. Obviamente, tiene que estar a una escala adecuada al trabajo que debemos realizar. No servirá de nada intentar encontrar el lugar preciso donde cavar para encontrar agua en un mapa atlas de carreteras.

Los medidores tienen varias formas de medir sobre plano. Una de ellas consiste en dividir la zona en cuadrados y encontrar

La medición como herramienta de detección y diagnóstico

el cuadrado adecuado midiendo en busca de la característica que buscamos. Otra forma consiste en mover una varilla a lo largo de una extremo del plano hasta que se obtiene una reacción. Esto indica que una de las líneas dibujadas en el plano que cruza este punto también pasa por encima del objeto que buscamos. Si seguimos el mismo procedimiento en uno de los otros extremos, después dibujamos una línea en el mapa y el punto donde se corten las dos líneas marca la localización que buscamos. Estos dos métodos sirven para buscar algún objeto, como un coche robado o un objeto perdido.

Cuando empezamos a investigar una petición de curación de una casa enferma, nos centramos en el nombre y la dirección y seguimos una lista de verificaciones (*véase* Apéndice 2). Esta lista indica el número de líneas energéticas o puntos de referencia y si son positivos o negativos. Luego averiguamos si hay alguna presencia u objeto con poder (*véase* Capítulo 6) y si son útiles o no para los habitantes del lugar. Es en estas zonas, si es necesario, donde podemos ofrecer nuestro trabajo de curación. Luego seguimos verificando diversos aspectos sobre los cuales podríamos ofrecer consejo y/o ejemplos en los que estemos trabajando, tales como efectos perjudiciales de la electricidad doméstica, microondas internas (con lo que nos referimos a televisores y ordenadores, y a veces los hornos), microondas externas (vías de transmisión de cualquier tipo), agua (tanto en tuberías como subterránea) y gases aerotransportados. El problema con el agua puede ser interior o exterior y puede ser químico o *informacional*, como hemos comentado en el Capítulo 1 de acuerdo con el trabajo de Alan Hall.

La mayor parte de nuestro trabajo de curación está relacionado con las energías terrenales, que a menudo se identifican como líneas. Utilizamos, por lo tanto, una técnica ligeramente distinta a la que se usa para encontrar un objeto perdido. Nosotros utilizamos un extremo recto y lo dibujamos en el diagrama. Entonces hacemos una serie de preguntas mientras giramos el extremo recto hasta que la medición nos indica que está orientado en paralelo respecto a la línea que buscamos. Después de determinar qué extremo debemos usar, hacemos más preguntas mientras la regla se mueve a derecha y a izquierda, hasta que coincide con la línea de energía terrenal y entonces marcamos la línea con lápiz. Cuando se utiliza esta técnica es importante preguntar por la posición de la línea central de la energía terrenal. Si no, podrías encontrar uno de los extremos, y algunas tienen varios metros de anchura. Si se coloca el extremo recto en el plano sin premeditación consciente, es sorprendente comprobar que a menudo no está lejos de la posición final. Creemos que el acto de colocar el extremo recto puede ser, en muchas ocasiones, una reacción de medición en sí misma. Tras muchos años de trabajar en esto, Roy a menudo «ve» la línea en el plano y coloca el extremo recto. La mayor parte de las veces acierta, pero siempre lo verifica y Ann también, porque cuando hacemos este tipo de trabajo siempre lo hacemos en pareja. Creemos que tener siempre una segunda opinión a mano es una ayuda inestimable: las equivocaciones y los malentendidos siempre se ven mejor. Cuando empezamos a trabajar en esto Roy provenía de un punto de vista más intelectual y Ann de uno más intuitivo. Para los principiantes será de gran ayuda tener uno de cada tipo en el equipo, y luego crecer con autoconocimiento donde los dos miembros del equipo utilicen los dos aspectos.

Resultados distintos

Una de las dificultades que tienen los científicos convencionales con la medición es la incoherencia cuando varios medidores se encargan del mismo proyecto. Tienden a desestimar todo el proceso porque los resultados no se repiten con frecuencia. Hemos descubierto que, cuando se rastrean energías terrenales, los medidores a menudo encuentran patrones distintos en el mismo lugar. Si el objetivo es curar, o transmutar, las energías perjudiciales, el medidor que se encarga del trabajo debería seguir las formas que ha encontrado. Si otro medidor ha encontrado una forma distinta, pero la ha usado para la curación, ambas podrían ser eficaces. Puede que cada uno esté en sintonía con diferentes aspectos de la situación, o utilice una visualización distinta como marco. Todo esto es muy confuso, pero no importa si se consigue el objetivo, que es obtener resultados beneficiosos. ¡El pastel pasa la prueba cuando se come!

Ann ve todo esto desde la perspectiva de sus estudios y experiencia en psicología y psicoterapia. Las diferencias le parecen

La medición como herramienta de detección y diagnóstico

perfectas, pero ha notado que algunas personas necesitan la reafirmación de sus descubrimientos por parte de los demás, como si hubiera algo finito que descubrir cuando se mide lo sutil. Si buscas agua potable, o un objeto perdido, tiene que ser finito: está donde has medido o no, la reacción es obvia. Esto encaja con el paradigma científico porque existe un resultado material, objetivo; incluso si los medios para llegar a él son una anomalía científica. Al parecer, ver cosas distintas cuando no existe una respuesta directa es simplemente inevitable, excepto para los principiantes, que suelen encontrar lo que ha encontrado el profesor. Revisa el fragmento referente al pensamiento lateral del trabajo de Edward de Bono en el Capítulo 3.

Para complicar todavía más las cosas, algunas actitudes hacia el problema en cuestión afectarán a la *verdad* de los descubrimientos, independientemente del pensamiento vertical o lateral. Es extremadamente difícil realizar experimentos científicos que sean totalmente imparciales ya que deben empezar con una hipótesis que sirve como punto de partida, y además, la experiencia del individuo, ya sea en tensiones geopáticas, espacios sagrados o lo que sea, formará parte de sus conceptos en los que se basará su trabajo de medición.

El papel que desarrolles cuando te concentres en una medición también marcará la diferencia: ¿intentas ayudar a alguien que tiene corrientes negras o energías terrenales negativas en casa, o disfrutas descubriendo líneas energéticas en algún lugar sagrado? ¿Lo haces por el trabajo de curación o por el placer de detectar algo? El otro día íbamos conduciendo y los dos nos fijamos en algo a la vez: Roy se quejó porque había un camión mal aparcado y le tapaba la visibilidad en un cruce. Ann se fijó en la belleza de una hiedra que crecía por la pared de una casa cercana. Roy tenía la responsabilidad de poner atención en la carretera. Ann, como pasajera, podía permitirse el placer de observar las flores. Los dos estábamos observando desde casi la misma posición, pero vimos cosas distintas. Esto ocurre a menudo cuando se mide.

A veces, cuando estamos curando alguna casa enferma, la gente nos envía planos con líneas o señales de otros medidores. A nosotros, eso nos impide hacer nuestro trabajo como nos gustaría, porque no somos capaces de curar siguiendo el diagnóstico de otro medidor. Parece que funciona cuando la persona que va a hacer la curación, mide las señales sobre las que basará su propia curación. Esto también serviría para un medidor/curador individual, o para nosotros como pareja, porque siempre trabajamos juntos. Cuando trabajamos con nuestros alumnos, sólo puede realizarse una curación cuando todos los miembros lleguen a un consenso, basado en el diagnóstico de la persona que lidera la curación.

Por lo tanto, ver las cosas de distinta forma puede parecer muy subjetivo, pero si es así como obtenemos resultados, así es como tiene que hacerse. Después de todo, las herramientas que usamos sólo son como las agujas de un reloj, el mecanismo está dentro de la psique del medidor, y son todas distintas, y eso es maravilloso. No existe ningún modo para hacernos coincidir en las observaciones y los comportamientos.

Capítulo 5

Curación

Bruce MacManaway nos dio una definición de curación: «Llegar a ser más completo y compartir esa característica con los demás». Las palabras «completo», «curar» y «sagrado» tienen una historia común. Llegar a ser más completo es una experiencia humana posible, a menudo estimulada en todos los aspectos, así que es lógico pensar que todos podemos compartirla si queremos: todos somos curadores potenciales. El gesto más sencillo puede expresar la acción de compartir, como una mano encima del hombro de alguien que está afligido o una madre acariciando la rodilla en la que su hijo se ha hecho daño. Básicamente, lo que ofrecemos es una energía que fluye a través nuestro porque estamos dispuestos a abrir un canal para el amor incondicional.

La mayoría de la gente siente que esto sucede cuando nos concentramos y lo dejamos fluir: parece increíblemente fácil, y no una lucha humana. Tiene que ver con la inspiración, una palabra que significa que el espíritu respira. Un artista o un escritor puede concentrarse en un tema, e inmediatamente le viene la imagen o las palabras a la mente, pero sólo si tienen el canal abierto y ha trabajado lo suficiente para dominar los procesos y técnicas que manifestarán su trabajo. Los curadores se concentran en la persona que les ha encargado el trabajo y, sabiendo algo de los mecanismos por los cuales los cambios sutiles adecuados pueden afectar a dicha persona, abren la puerta a esa energía universal para que active el estado de completar a una persona. También es aplicable a animales y lugares.

¿De dónde viene esta energía? ¡De todas partes! Volviendo a los diagramas del Capítulo 3, todos tenemos un núcleo interno de espiritualidad que puede conectar con todo lo que existe. Estos conceptos suelen ir más allá de las palabras y suelen mezclarse en los marcos culturales y religiosos. Si mencionamos a Dios, Alá, Jehová, el Espíritu Universal, el Amor Incondicional, la Naturaleza, los Seres de la Luz, o «llámalo como quieras», es muy fácil para las costumbres del pensamiento limitar lo que se transmite. Nosotros hemos decidido llamarlo «Arriba» simplemente para alejarnos de todos los enredos históricos. Nuestro amigo el escritor Hamish Miller utiliza la palabra «La Dirección».

En ocasiones alguien nos dice que está preocupado porque nuestro trabajo no es cristiano. Desgraciadamente, a lo largo de los años varios líderes religiosos han intentado reservarse todo el poder para ellos solos y dominar a los demás bajo la apariencia de la Palabra de Dios, pero nosotros no creemos que esa fuera la intención de Cristo. Roy nació en el seno de una familia estrictamente cristiana y fue a una escuela donde los alumnos estaban obligados a ir a la iglesia con frecuencia. La confirmación de la Iglesia de Inglaterra de Ann fue algo muy significativo para ella, sobre todo cuando le dieron el texto «[...] avives cual fuego el don de Dios que está en ti mediante la imposición de mis manos». Las manos del obispo encima de la cabeza de Ann parecen haber removido algo en ella que más tarde descubrió distintas formas de transmitirlo a más gente. Desde aquellos días, nuestros marcos religiosos se han convertido en algo importante sin perder, incluso la ha avivado, la chispa original. Todos tenemos dentro esa llama y, una vez la hemos descubierto, podemos utilizarla de distintos modos. No queremos limitar el marco espiritual con el que trabajamos a ninguna doctrina en especial, o restringir la libertad de pensamiento y acción de otros que están haciendo su trabajo de un modo eficaz. El hecho de que haya energías terrenales y materias asociadas que afectan, provechosamente o no, a las personas (y a otras formas de vida) no es la prerrogativa de ninguna doctrina religiosa en particular en mayor medida que pueda serlo la electricidad. Cultivar el regalo de ser capaces de hacer algo con los aspectos negativos de la vida a través de la curación espiritual está, de algún modo, en la mayor parte de religiones. La perspectiva cristiana es con la que nos sentimos más cómodos. Recibir ayuda de la fuente divina bajo la apariencia de cualquier marco religioso se consigue con un proceso intermediario muy bien enfocado, que podríamos describir como una oración intensa.

Siguiendo con su asombrosa experiencia de mediciones a distancia (*véase* Capítulo 3) Ann siguió explorando, gradualmente, y dentro de las limitaciones que implicaban cuidar de la familia, nuestra nueva sensibilidad fuera de los paradigmas científicos y religiosos «normales» de esa época. Habló con miembros de la Sociedad Teosófica, que tiene una logia en Camberley, y a través de ellos conoció a unas personas maravillosas de la Universidad de Estudios Psiquicos de Londres (*véase* Apéndice 1, Fuentes), entre ellas a Paul Beard, Bill Blewett, Cynthia Lady Sandys y muchos más, que sentían que a Ann le habían concedido la consciencia de otras dimensiones para que se convirtiera en una curadora. Había algunos libros que hablaban de este tema, aunque no eran nada comparados con la bibliografía que existe hoy en día, y ella los leyó detenidamente. Trabajó con algunos curadores, entre ellos con Harry Edwards durante un tiempo. Harry Edwards ha hecho más para fomentar el reconocimiento de la curación espiritual que cualquier otro en la época actual. La Ley de Brujería había sido abolida en 1952 y, a pesar de que no se había aplicado desde mucho antes de aquella fecha, todavía existía una noción de estar haciendo algo ilegal y fuera de lugar respecto a las normas culturales si se practicaba la curación fuera de los parámetros médicos o de los rituales religiosos. La Federación Nacional de Curadores Espirituales (*véase* Apéndice 1, Fuentes) se ocupó de que este trabajo fuera más aceptado y respetado, y ha ido creciendo con los años. Ann fue una de las primeras inscritas en el Registro de Curadores.

La medición siempre ha tenido muy mala prensa entre los miembros de la Iglesia porque se veía como algo divino. Como era algo que estaba fuera de nuestro universo tridimensional y que, por lo tanto, requería medidas de protección especiales (*véase* Capítulo 9), no era una tarea que pudiera desarrollar cualquiera. Se hizo una excepción con la medición de agua por razones prácticas. Esta actitud está cambiando, por lo que hemos visto en discusiones personales con el clero. De hecho, varios pastores han asistido ya a nuestros cursos. La medición es una habilidad personal que, virtualmente, posee todo el mundo y no es nada más que un método de escuchar la propia intuición. Nuestra consciencia intuitiva es una vía de acceso al almacén universal del conocimiento ya que todos estamos conectados a esa Unidad.

Los curadores se centran en las necesidades de alguien o algo en concreto, luego se conectan con Arriba, cualquiera que sea el modo como lo vean a Él, y preguntan qué es necesario y adecuado que hagan. ¡Realmente es así de sencillo! Lo que a los humanos nos parece tan difícil es concentrarnos y conectar, y para eso sirven los entrenamientos y las prácticas. Estamos tan condicionados a confiar en nuestra agudeza y pericia y destreza física, que la acción de crear la escena y dejarla en manos de «Arriba» puede parecer imposible. Ann expone a continuación una lección sobre este aspecto:

> «Tengo un problema en la parte baja de la espalda, a veces "se sale", y es muy doloroso y me deja inmóvil. Cuando me ocurrió un día cuando salía de casa para ir a recoger a mis hijas a la escuela, me encontré de lleno en un aprieto muy grande. Me tendí en el suelo y grité "¡Ayuda!" hacia Arriba, ya que no se me ocurría nada que pudiera hacer por mí o para recoger a mis hijas en condiciones. Al cabo de un minuto o dos ya podía mover la espalda, y después de un rato ya pude conducir, sin ningún dolor, hasta el colegio. Sólo tuve que admitir mi absoluta impotencia y pedir ayuda.»

Una de las premisas básicas de la curación es apartarse del medio. Es muy fácil «querer» que suceda algo, pensar que sabemos lo que debería pasar, pero eso sólo inhibe el proceso de curación. Muchos curadores recurren a alguna fuente con la que se sienten en sintonía, y le piden que haga la curación por y a través de ellos con el fin de evitar la interferencia. Utilizan pautas o talismanes (*véase* Capítulo 9) que apartan la personalidad humana del acto. Es como abrir una puerta y dejar entrar lo que se necesita que ocurra, lo que es correcto en una determinada situación, y dejarlo que se manifieste con menos dificultad.

En términos muy mundanos, la curación es como usar cables de arranque para arrancar un coche que se ha quedado sin batería. Se realizan las conexiones necesarias para que la energía pase de un vehículo a otro. El coche *curador* tiene el motor en marcha y, por lo tanto, está conectado a una fuente de energía que recarga la batería, de modo que ésta no se agote sola. En el contexto de nuestra definición de abertura, es lo más completo que puede ser, y también comparte su estado completo con otro coche. Utiliza energía que puede transmitirse a otro, sin agotar su propia batería. Ésta es una consideración muy importante en este tipo de trabajos de curación. Compartir ese estado de plenitud no agota al que lo ofrece; en realidad, algunos sienten que ganan algo en el proceso. Imagínate que el curador es como una tubería doblada en los ángulos justos, cuando él o ella se conecta con Arriba y luego con la persona que tiene enfrente, la tubería se abre para dejar correr la energía. ¡Algo de esa energía roza la tubería cuando pasa!

En la preparación de los curadores se incluye el estudio de anatomía y fisiología. Esto no quiere decir que los curadores tengan que saber diagnosticar, eso no sería nada sensato, pero unos conocimientos básicos permiten comprender mejor el estado de salud de los pacientes cuando ellos mismos describen los síntomas y problemas que tienen. Ann salió con ventaja porque su padre era el médico de cabecera de Herefordshire, y tenía la consulta en casa. De modo que ella estaba absorta en la salud y el modo en que la gente se enfrenta a la falta de ella. También puede suponer una ventaja para un curador si éste ha conocido la enfermedad, o se ha enfrentado a su propia muerte, siempre y cuando las implicaciones de una experiencia así se hayan superado de modo que el curador no imponga sus reacciones a los demás. El principio de relevancia de Ann en este aspecto fue su propia y grave enfermedad cuando tenía casi veinte años, una enfermedad que hizo que necesitara seguir un tratamiento en el hospital durante dos años y el pronóstico no era nada favorable. Si el curador sabe lo que se siente cuando uno está enfermo y puede morir, es posible que haga un trabajo mejor.

Conectar con la plenitud

Partimos de la base que potencialmente existe una plenitud perfecta, a la que todos podemos aspirar, a pesar de que sea poco probable alcanzarla mientras estemos encerrados en un cuerpo físico. La experiencia que llevó a Ann a sostener esta hipótesis sucedió en una situación de hospital nada halagüeña. Estaba sentada junto a un amigo moribundo. Los médicos le habían retirado las máquinas, esperando el fin, y «Les» estaba muy mal. Ann, para aliviarle el paso al otro mundo, le preguntó si había visto a Henry recientemente, un conocido de «Les» al que apreciaba mucho y que ya no estaba en nuestro mundo. A «Les» se le iluminaron los ojos, se sentó y pidió algo para beber. Cuando lo hubo disfrutado, se estiró en la cama y, según Ann, se convirtió en una visión *perfecta* de él mismo, joven y con una salud de hierro. Murió poco después. Ann interpretó aquella visión como el yo ideal de «Les», su arquetipo para esta vida, el potencial total de su Plenitud. Un posible punto de vista sobre nuestro estado en la tierra es ver esa proyección proyectada en el físico, del mismo modo que el proyecto de un arquitecto se convierte en un edificio. Éste lo diseña en un estado ideal, luego siempre surgen algunos problemas, de modo que al final no es como el diseño original. Tras años de desgaste natural el edificio se deteriora y necesita que los servicios de mantenimiento y reparación hagan su trabajo, hasta que llega un punto que está tan dañado que ya no puede utilizarse. Si se da ese caso, entonces el curador se conecta con el diseño del arquitecto, fortaleciendo su habilidad para reformar al ser humano hasta casi el estado perfecto. Este tipo de conexiones con Arriba mejoran la Plenitud.

Esta conexión podría estudiarse en términos de frecuencias y harmonías. Entre los niveles de consciencia hay resonancia, como con las octavas del piano (que son siete), que pueden proporcionar una escalera entre los niveles más mundanos y los más espirituales. Accediendo a esa jerarquía de frecuencias, el curador facilita los medios a través de los cuales se puede alcanzar más rápido la plenitud. Muchos curadores reconocidos y brillantes usan sonidos reales, con instrumentos musicales o sus propias voces, para establecer la conexión. Encontrar tu propia frecuencia en concreto tiene un magnífico potencial de curación.

Conectar y compartir la propia plenitud es algo que puede hacer todo el mundo, si quiere. Algunas personas tienen un don natural para esto; utilizando una analogía musical, son unos prodigios como Mozart. Otros tienen que trabajar más duro, como aquellos que no tienen oído y los colocan en la última fila del coro de la escuela y les dicen que muevan la boca pero que no canten. En realidad, sólo necesitan desbloquearse y dejar que la energía fluya por las voces. Dejar que la energía fluya es la clave, tanto en sonidos como en una curación.

La gente se refiere a la curación por fe como si tuvieras que creer en algo, o una fe religiosa en concreto, para que funcione para ti. La única fe que necesita el receptor de la energía curadora es el convencimiento de que le va a ayudar, es decir, tiene que estar abierto a recibirla. Si alguien se ha tomado la molestia de visitar a un curador, o ha pedido ayuda desde la distancia, ya sea para él mismo o para su lugar, el canal (la tubería) está lo suficientemente abierto como para que corra la energía. A veces, este proceso se ve dificultado por inhibiciones arraigadas, pero con paciencia y diálogo suele superarse. La garantía es que si alguien no quiere recibir curación, a pesar de lo que puedan decir para complacer a otros o para librarse de la presión de los compañeros, no les llegará, de modo que no existe ningún riesgo de intrusión.

Los chakras

Si nos fijamos en el aura, el éter, el cuerpo energético, o como quieras llamarlo, podemos hacernos alguna idea de cómo desde Arriba se conecta con el ser vivo en la tierra para efectuar la curación. El sistema de vórtices o centros de energía, llamados *chakras*, que están en el aura pero que coexisten con el cuerpo físico, procede de las culturas orientales y actualmente es más conocido en Occidente. Se establecen correlaciones entre los chakras y las glándulas del sistema hormonal, como los lazos entre lo sutil y lo material. Existen muchos libros sobre este sistema, algunos de ellos tienen unas imágenes maravillosas de los chakras vistos por clarividentes y pintadas por artistas (sobre todo en forma de halos para los seres muy espirituales). Nuestro diagrama (Figura 5.1) es muy simplificado, y sólo haremos unos cuantos comentarios que pueden ser útiles para entender la curación en vez de tratar el tema con detalle (*véase* Bibliografía y Referencias, Sección 9).

Nuestra sugerencia es que todo ser humano vive en una columna de energía sutil, desde debajo de las plantas de los pies hasta encima de las cabezas. La corona chakra encima de la cabeza y la base chakra (situada en el perineo, la zona que está al final de la columna vertebral, sobre el que nos sentamos), permanecen abiertas para conectarnos con el cielo y la tierra. La persona

•• Curar casas enfermas

puede llegar a controlar los cinco del medio (¡es increíble la cantidad de veces que aparece el número siete!) hasta cierto punto, y con mucha práctica. Los cinco chakras del medio también pueden verse afectados por influencias externas. La plenitud se consigue cuando se energizan esos vórtices o centros de un modo óptimo y equilibrado entre ellos, más abierto o más cerrado para adaptarse a la situación ambiental imperante. Todo está sumido en un constante cambio. Dado que las vicisitudes de la vida terrenal vulneran este delicado equilibrio, la plenitud se ve comprometida. Para algunos, ésta es una engorrosa situación que viene afectando al equilibrio a lo largo de los siglos, mientras que para otros los hábitos de estar desequilibrados se desarrollan más lentamente. Los curadores, al compartir su plenitud, pueden volver a conectar a la gente con su aspecto perfecto y pleno; es decir, con el diseño del arquitecto, y la situación avanza un paso hacia la mejora.

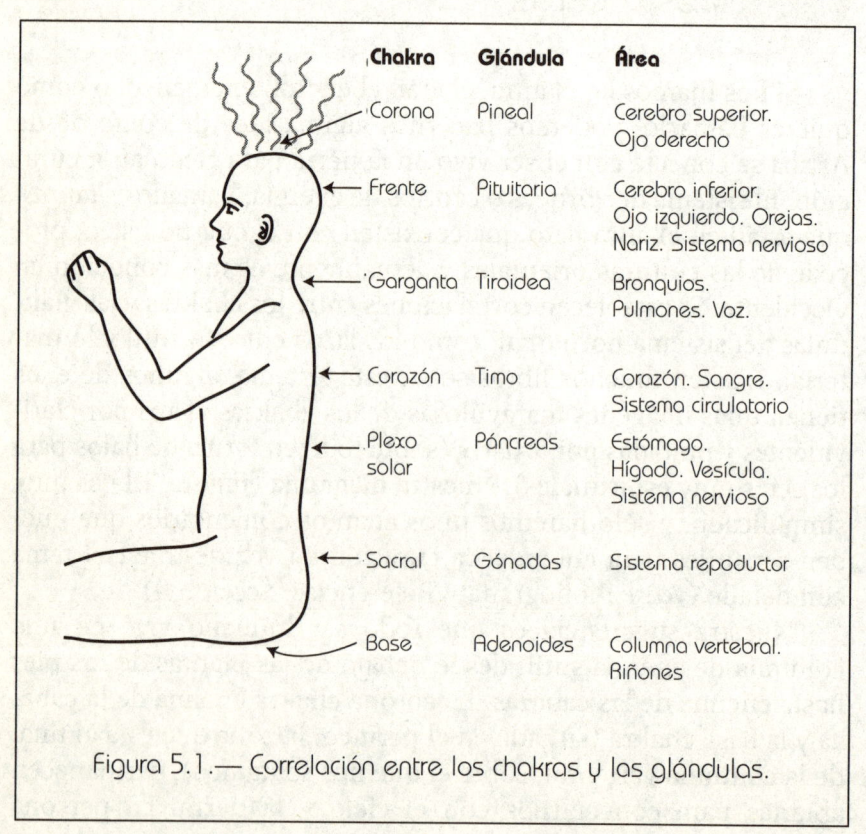

Chakra	Glándula	Área
Corona	Pineal	Cerebro superior. Ojo derecho
Frente	Pituitaria	Cerebro inferior. Ojo izquierdo. Orejas. Nariz. Sistema nervioso
Garganta	Tiroidea	Bronquios. Pulmones. Voz.
Corazón	Timo	Corazón. Sangre. Sistema circulatorio
Plexo solar	Páncreas	Estómago. Hígado. Vesícula. Sistema nervioso
Sacral	Gónadas	Sistema reproductor
Base	Adenoides	Columna vertebral. Riñones

Figura 5.1.— Correlación entre los chakras y las glándulas.

Tradicionalmente, los curadores han utilizado las manos para canalizar este don de Arriba. Nuestros gestos más habituales de confort implican las manos, y la tradición cristiana utiliza la imposición de las manos. En las palmas de las manos existen centros secundarios, conectados con el chakra del corazón. Por lo tanto, ésta es la zona de energía sutil en la columna vertebral que podemos abrir más fácilmente para transmitir un amor incondicional a otro ser vivo. El curador también puede, o simplemente limitarse a eso, hablar o emitir sonidos, y de este modo canaliza por el chakra de la garganta. Lo hacemos cuando hablamos con alguien con suavidad o le cantamos a un niño quisquilloso. El chakra de la frente, que se manifiesta a través de los ojos, es otro canal de curación, y puede utilizarse en aquellos casos en que los otros dos no serían adecuados; por ejemplo, en una situación de emergencia o en un hospital cuando es importante no entrometerse con el trabajo de otros curadores que lo hacen en el nivel más físico. También en este caso, en las situaciones más cotidianas pueden ser de gran utilidad una mirada de solidaridad o una visualización muy clara. La única diferencia entre los gestos más habituales y el acto de la curación es una intención medible en una escala, en intensidad y en concentración. Los curadores han aprendido y han practicado el cultivarse para convertirse en una *tubería* ancha y pura para la canalización lo mejor que puedan, y tienen la habilidad de abrir y cerrar las vías exactas para facilitar el flujo de energía desde Arriba y enviarlo en la dirección más indicada.

Dirigir la curación

Hacia dónde va es tan importante como de dónde viene. Puede que sea, en general, beneficioso, repartir esta maravillosa energía en todas las direcciones, y las personas con fuertes conexiones con Arriba que pueden hacerlo son muy apreciadas, como el Papa con sus bendiciones, «Urbi et orbi». Sin embargo, la mayoría de nosotros necesitamos concentrarnos hacia dónde queremos enviarla para que no se diluya y pierda eficacia, algo más parecido a un rayo láser que a una difusión general de luz. Esta es la razón por la que los curadores son más eficaces cuando les unen fuertes lazos con la persona o el lugar que quieren curar. Posiblemente es mucho más sencillo cuando están físicamente presentes. En ocasiones, los curadores ponen las manos encima de la piel de alguien, por encima de la ropa, sobre todo si hay dolor físico, pero lo más habitual es que trabajen con las manos a unos cinco centímetros del cuerpo, donde pueden notar el aura. Es perfectamente posible enviar energía curadora a alguien tan sólo cogiéndolo de la mano y canalizarla por los centros del chakra de las palmas.

Sin embargo, se puede estar en contacto desde la distancia, cualquier que ésta sea, y en muchas ocasiones la curación se lleva a cabo de este modo. Algunas personas lo llamarían una plegaria. Se han hecho muchos trabajos de investigación para estudiar la eficacia de las plegarías curativas (*véase* Bibliografía y Referencias 6.2). Para que la concentración del curador sea mayor es muy útil algún tipo de objeto relacionado, o *testigo* como una foto o una carta, además del nombre de la persona.

Para el trabajo de curar casas enfermas necesitamos el nombre y la dirección de la persona, y un plano de su casa, como hemos explicado en el Capítulo 4, y, por supuesto, su permiso. Es bastante útil una carta en la que los dueños de la casa explican por qué creen que tenemos que curar ese lugar o incluso notas de la conversación telefónica cuando nos explicaron su historia. Algunas personas nos envían mapas de la zona y fotografías que nos ayudan a situarnos, pero no son esenciales. Necesitamos estar en contacto tanto con el lugar como con las personas que viven en él, porque la curación consiste en hacer que ese lugar sea más compatible con esas personas, no en una especie finita de ambiente positivo que pueda adaptarse a todo el mundo. Creemos que este aspecto es muy importante en nuestro trabajo: nos hemos dado cuenta de que algunos medidores están fraguando ambientes sutiles en un estado que ellos creen que serán universales, pero nosotros creemos que personas distintas necesitan ambientes sutiles distintos donde puedan florecen y alcanzar la plenitud. Es como decir que personas distintas necesitan tipos distintos de viviendas a nivel físico: una familia estaría a las mil maravillas en una casa unifamiliar en el campo y otra se sentiría más cómoda en un piso en la ciudad. Por lo tanto, todos necesitamos vivir y trabajar en una atmósfera que nos enriquezca a un nivel más sutil.

Algunos de nuestros clientes tardan un tiempo a acostumbrarse al nuevo ambiente sutil después de curar su casa, el cambio les resulta extraño, y ellos sólo empiezan a notar la mejora cuando se aposentan en el nuevo estado de su casa. Para algunos funciona como un remedio homeopático: se siente peor justo antes de mejorar. Para otros la mejora es lenta y únicamente reconocible a posteriori. Si han estado enfermos o perdiendo energía durante un período largo de tiempo, las baterías tardan un poco en recargarse, y a menudo les sugerimos que busquen a alguien que les ayude espiritualmente, y/o también les ofrecemos curación a distancia nosotros mismos.

Opinamos que las calidades del lugar que vamos a curar son importantes para obtener un buen resultado. Normalmente hacemos todo el trabajo en la sala de estudio/consulta de Ann, que goza de muy buena atmósfera. Una de las razones por las que vinimos a vivir aquí es por las líneas energéticas terrenales tan poderosas y beneficiosas que cruzan la casa y el jardín. Hablaremos más en el Capítulo 8. Puede resultar difícil comprender que todo está cambiando constantemente. El estado finito de salud, de las personas o de los lugares no existe. Escucha una música que conozcas bien con un oído crítico: descubrirás una nota fuera de tono o de ritmo, que está ahí y desaparece inmediatamente. Ha sucedido, y no puede revivirse, únicamente volviéndolo a escuchar más tarde. La vibración ha emergido y se ha manifestado en una forma imperfecta. En este caso, es el diseño del compositor, no el del arquitecto, el que ha sufrido algunas variaciones, pero la música sigue y la pieza entera tiene su propia validez incluso si no sale como estaba planeado. Esta analogía es aplicable a la vida en todas sus formas. No hay nada estático. Un acto de curación válido provoca una función de avance en el proceso, que luego desencadena otras reacciones y acontecimientos.

La curación de lugares

Cuando empezamos a curar casas enfermas siguiendo las instrucciones de Bruce, el proceso era sencillo y práctico. Él sólo enseñaba a personas que ya eran curadores, acostumbradas a descubrir su fuerza interior, a comunicarse con Arriba y a canalizar la energía necesaria. Nos enseñó a medir para que pudiéramos establecer un punto de atención para curar el lugar elegido. Al principio, medíamos desde la distancia un mapa que nos habían proporcionado los clientes en busca de las líneas, como hemos dicho en el Capítulo 4; luego nos desplazábamos hasta el lugar y buscábamos la ubicación exacta de las líneas en el suelo. En los cursos de Bruce, este ejercicio se desarrollaba en una alegre atmósfera de expedición o salida al campo, donde todo el mundo daba su opinión, de modo que al final llegábamos a un consenso sobre qué hacer en la curación. Entonces Bruce abría el maletero de su coche, sacaba estacas angulares de hierro y un mazo. Rastreábamos la longitud que debía medir la estaca para cada línea negativa, y luego la clavábamos en el suelo en el punto *exacto*, obtenido por medición. El aspecto de la curación que requería buena concentración e intención lo ejecutaba el esfuerzo de la persona que empuñaba el mazo y, si era posible, le pedíamos al propietario de la casa que al menos empezara este trabajo, incluso si tenía que terminarlo alguien más fuerte. El ejercicio entero tenía un sentimiento interactivo comunal a su alrededor, y se implicaban tanto el propietario como el curador o curadores implicados.

Por el contrario, en el trabajo a distancia que hacemos ahora (para más información, *véase* Capítulo 2) estamos los dos solos, aunque podemos implicar al grupo de curación habitual o a los alumnos si es necesario. En ocasiones, algunos miembros aportan casos que necesitan una atención adicional. Estos grupos son cerrados, es decir, los miembros están comprometidos con el tema y acuden a casi todas las reuniones. No son personas que aparecen cuando les viene en gana, y esto es importante para mantener una cohesión en las energías de los presentes para que la curación sea eficaz. Nuestro proceso de meditación de alta concentración ahora constituye la intención necesaria, y sustituye la técnica de la estaca de hierro y el mazo: físicamente más fácil, pero mucho más duro para los niveles mental e intuitivo.

Durante algunos años, en estos dos métodos, se tardaban unas horas en ver las energías con claridad. Era como si hubiéramos hecho algo para limpiar una obstrucción en un río, y el flujo volviera a su cauce a medida que el ímpetu del agua iba río abajo. Esto podía ser incómodo para las personas que vivían en ese lugar, y nosotros les advertíamos de la posibilidad de perturbaciones de menor importancia como dolores de cabeza, dolores de estómago, niños quisquillosos. Entonces, en 1996, Roy tuvo la oportunidad de visitar a la Madre Meera, una avatar especial nacida en la India pero que vivía en Alemania. Roy quería su bendición para nosotros dos, y Ann pudo sentirlo desde su casa en Somerset. Roy no notó casi nada en aquel momento, pero el siguiente trabajo de curación que hicimos todo sucedió en un instante, sin tiempo para limpiar el lugar, de modo que había pasado algo que había hecho que el canal de curación fuera más eficaz. Desde entonces casi todas las curaciones de casas que hemos realizado no han necesitado ninguna limpieza, y los dos estamos enormemente agradecidos por esta mejora por el bien de nuestros clientes.

Conocemos varios curadores que piden consejo a gurús vivos como la Madre Meera o Sai Baba para que les ayuden en su trabajo. Otros tienen Guías o Consejeros, en ocasiones conocidos o famosos. Nosotros somos pragmáticos: ¡utilizamos cualquier cosa que funcione! Seres de la Luz, el Espíritu de Cristo o la Fuente Divina, todo nos parece bien; o simplemente *Arriba*.

Capítulo 6

Presencias

¿A qué nos referimos cuándo hablamos de presencias? Pueden adoptar varias formas. No es extraño que una persona explique que siente que alguien le observa, excepto que no hay nadie a su alrededor. Una petición muy típica de nuestros clientes es la siguiente: «Mi hija pequeña dice que hay un hombre en su habitación, pero allí no hay nadie. ¿Podríais deshaceros de él?». Nos llegan más manifestaciones físicas como golpes extraños o incluso olores. A veces también oímos hablar de alguna actividad *poltergeist*, caracterizada porque las cosas «se mueven» en mayor o menor medida. A nuestro juicio, estos efectos pueden tener varias y distintas causas. La más común es la actividad de seres incorpóreos, nos referimos a las almas, o aspectos no físicos duraderos de personas que están muertas. A veces se trata de amigos o seres queridos que simplemente están interesados en lo que ocurre en el mundo físico y que no suponen ningún problema.

La razón por la cual empezamos a prestar atención a estas presencias es que pueden afectar nuestros niveles de energía de un modo similar al de las energías terrenales. Si una presencia intenta manifestarse de algún modo, puede introducirse en un sistema energético humano para autoalimentarse. Muy pronto descubrimos que las presencias estaban relacionadas con las energías terrenales. En varias ocasiones nos han dicho que nos ocupemos de «cosas que dan miedo». A menudo encontrábamos energías terrenales perjudiciales y las transmutábamos en energías beneficiosas. Así, en general, provocábamos la desaparición de las manifestaciones.

En una ocasión, esta acción no tuvo el efecto deseado. La señora de la casa nos había llamado para que intentáramos hacer desaparecer unos ruidos que se oían de vez en cuando, así como algún alarmante movimiento de objetos. Anteriormente, la señora ya había contratado los servicios de otro conocido medidor, pero su tratamiento mediante un objeto situado en la casa no hizo desaparecer los extraños fenómenos. Nosotros descubrimos que las energías terrenales se habían vuelto inútiles y las tratamos a nuestro modo habitual. Los ruidos continuaron. Revisamos la situación varias veces y vimos que todas las energías eran beneficiosas, pero los ruidos y los movimientos persistían. Por supuesto, habíamos estudiado las causas más frecuentes de ruido, como el agua del sistema de la calefacción, etc. Más tarde nos dimos cuenta de que la causa era algo con energía propia, de modo que deberíamos buscar una entidad o presencia y descubrir por qué se manifestaba de aquel modo. ¿Por qué llamaba la atención? ¿Qué quería? Finalmente supimos que la señora de la casa había sufrido dos abortos espontáneos en avanzado estado de gestación y que había tenido otro hijo que murió a los pocos días de nacer. Cuando averiguamos más a través de la medición, resultó que el alma que tenía que nacer estaba desorientada por su situación. Después de haberse decidido a tomar una forma física y, viendo que ahora no tenía un cuerpo, no podía regresar a su origen y se había quedado atrapada. Pudimos, con la ayuda de nuestro equipo de medición, ponerla en contacto con el origen y ahí se acabaron los problemas.

Habitualmente, la presencia es alguien que ha vivido muchos años y que ahora está confundido al haberse quedado sin un cuerpo físico. Al parecer, pueden percibirnos pero no pueden comunicarse directamente o hacerse notar, excepto por aquellas personas que tienen la clase apropiada de sexto sentido. Algunos siguen intentando resolver algo que no terminaron en vida. Si esto incluye ánimos de venganza por alguna maldad, puede provocar más comportamientos perturbadores. Si la gente cree en la vida después de la muerte y saben que se acerca su hora, pueden prepararse en condiciones y todo sale bien. Por el contrario, alguien que sólo concibe la existencia material y llega al fin de un modo muy trágico en un accidente, puede encontrarse muy perdido. Sin un concepto de una vida posterior a la muerte, esa vida no existirá. Sin embargo, la consciencia todavía existe en la existencia, aunque en un incómodo estado de limbo. La primera vez que Ann oyó hablar de esto fue a través de algunos miembros de la Sociedad Teosófica, y más tarde de Bruce McManaway, cuya madre estaba muy implicada en este tema.

Durante la Primera Guerra Mundial, y en posteriores ocasiones, se utilizó mucho la visualización y el trabajo de curación para ayudar a jóvenes soldados que habían muerto en los campos de batalla y que vagaban por otro estado de existencia, confundidos y abatidos. La visualización que la Sociedad Teosófica solía utilizar era la de un cuartel donde los soldados muertos aprendían más cosas acerca de su situación y avanzaban en la jerarquía de las existencias. Este tipo de intervención era conocido como un «trabajo de rescate». Al parecer, las almas que están atrapadas necesitan que alguien las conduzca hasta los Seres de la Luz o cualquier otra entidad o alma incorpórea para que les guíe en su camino. Muchas de las presencias detectadas en las casas sólo buscan a alguien que las guíe, así que a menudo se sienten atraídas hacia personas que son sensibles a esos niveles de existencia, y normalmente les es más fácil manifestarse en un lugar donde haya energías negativas. Hay muchos libros que describen este tipo de fenómenos (*véase* Bibliografía y Referencias, Sección 2).

Terry y Natalia O'Sullivan (*véase* Bibliografía y Referencias 2.5) han realizado extensos estudios sobre el mundo de los espíritus y las interacciones que establece con el nuestro. A lo largo de estas investigaciones han viajado mucho y han pedido la opinión y las creencias de personas de distintas culturas. Entre la población oriental e indígena, el reconocimiento y la creencia del mundo de los espíritus están muy extendidos. En sus viajes, el matrimonio O'Sullivan ha descubierto que parece ser que hay más almas perdidas que dan problemas en las comunidades con religiones monoteístas que en aquellas que creen en la reencarnación. Básicamente se trata del cristianismo, el islamismo y el judaísmo, que nacen todas del mismo origen. Estas religiones no creen en la reencarnación (la iglesia cristiana la declaró ilegal en el siglo IV durante el Concilio de Niza) y consideran que las almas perdidas son demonios. Sus enseñanzas sobre los estados de existencia después de la muerte física no son particularmente útiles porque sugieren que el destino es o bien la felicidad eterna en el cielo o bien el castigo eterno en el infierno. Por lo tanto, no debe sorprender que muchos practicantes de estas religiones teman a la muerte y no estén preparados para la situación en la que se encuentran después de la muerte física del cuerpo.

El Reverendo

Incluso aquellas personas que uno esperaría que supieran dónde irían después de morir no siempre pueden resistirse a interesarse por lo que sucede en el mundo tras su fallecimiento. Tenemos un ejemplo en nuestra casa: nuestro bungalow de diseño se construyó por orden de un pastor jubilado a finales de la década de los años treinta. Es obvio que significaba mucho para él. Uno de sus familiares, que vivía cerca de la casa, nos dijo que su deseo había sido poder ver desde Somerset hasta Glastonbury hasta el fin de sus días, incluso había situado el salón en la cara norte de la casa con este propósito. Le conocimos a través de la actividad *poltergeist*: la cisterna del baño tenía tendencia a estropearse al poco tiempo de mudarnos allí. Roy arregló la instalación y las tuberías, pero volvía a estropearse mucho antes de lo que solían hacerlo los arreglos caseros de Roy. Un día vino a visitarnos un joven amigo con un sexto sentido muy desarrollado, y le pedimos si podía sentarse allí un rato y que nos dijera si detectaba algo.

Apareció muy desconcertado y dijo que todo tenía que ver con una mesa en la que dejaban la comida de los pájaros. Recordamos que en el jardín había una vieja e inestable mesa de piedra y que Roy la había golpeado varias veces con la segadora y al final la tiró porque molestaba. Miramos una fotografía aérea de la casa que nos habían dado las personas que nos la vendieron y que, según dijeron, había trabajado mucho en el jardín. Habían hecho la foto cuando relevaron a los albaceas de la viuda del pastor para mostrar el jardín antes de empezar a trabajar ellos en él. Allí estaba la mesa, de modo que era obvio que estaba relacionada con el Reverendo, como lo llamamos cariñosamente. Sólo era cuestión de reconocer que a él le había costado mucho esfuerzo construir ese lugar, ayudándolo a que aceptara las modificaciones que estábamos haciendo y, sobre todo, justificar nuestras actividades de curación aquí, que él obviamente opinaba que sólo debían producirse en la iglesia. Entonces la cisterna funcionó bien y nosotros estamos felices de que el Reverendo venga a visitarnos cuando quiera. Investigaciones posteriores nos revelaron que el baño había sido su estudio y que el inodoro estaba situado donde él tenía la mesa, desde donde se veían las mejores vistas de Glastonbury. De modo que no todas las presencias pretenden causar problemas, algunas sólo necesitan que se las reconozca y transmitir su mensaje.

Los efectos de las presencias

Hace unos años presenciamos un interesante ejemplo de los efectos sobre el reino animal. Una granjera nos había pedido que buscáramos y corrigiéramos las energías terrenales de su propiedad. Lo hicimos, pero descubrimos que también había un gran número de almas incorpóreas que se añadían al problema. Nuestro cuestionario mediante la medición nos reveló que se trataba de hombres que habían muerto en una batalla que se había producido en esas tierras hacía mucho tiempo: estaban molestos porque les habían dejado morir en el suelo, sin un enterramiento digno. Pudimos ayudarles a dirigirse hacia su legítima esfera de existencia mediante la visualización del entierro digno, incluyendo la lectura de la misa del antiguo *Libro de la Plegaria Común*. Cuando le comunicamos a la granjera que ya habíamos hecho el trabajo, nos dijo que ya lo sabía. Al preguntarle cómo lo sabía nos dijo que las ovejas nunca pisaban voluntariamente un rincón de uno de los campos. Habréis visto ovejas en un campo y normalmente están repartidas por todo el espacio (menos cuando las arrean). La granjera nos dijo que ahora ya ocupaban todo el campo y que no evitaban aquel rincón.

Hemos descubierto varios efectos que parecen atribuibles a almas incorpóreas o *almas perdidas*. A menudo hay, por supuesto, aspectos propicios, como la inspiración que perciben los escritores y artistas, que puede venir de esas fuentes. Sin embargo, para nuestro trabajo nos interesan más los aspectos adversos. Pueden ser muy variados: desde sentir que se pierde energía hasta revelar un comportamiento bastante violento. En los casos más graves de estos últimos parecería que el alma incorpórea se ha apoderado del cuerpo físico de una persona durante un tiempo. Es habitual leer en los periódicos que alguien ha llevado a cabo un acto violento y que luego ha dicho algo como: «No sé qué me ha pasado. No era yo». Algunos psiquiatras están estudiando que algunas enfermedades mentales, como la esquizofrenia, puedan estar provocadas por los efectos de las almas incorpóreas y no por alguna alteración en la química cerebral.

«James» acudió a Ann a pedirle consejo. Lo habían acusado de piromanía y, como resultado, se había pasado un tiempo en la cárcel. Conducía una moto pequeña y le preocupaba que algunas veces, cuando venían coches en dirección contraria, sentía una necesidad urgente de conducir por el carril contrario. Tan pronto como los coches pasaban de largo, la necesidad de provocar un accidente desaparecía. No podía encontrar una explicación para ese fenómeno y decía «No soy yo». Sólo evitaba el accidente con un gran esfuerzo por su parte para frenar esa necesidad. Naturalmente, estaba preocupado por si un día su esfuerzo no era suficiente. Nos dijo que tenía un hermano gemelo pero que había muerto de pequeño. Después de hablar un rato, descubrimos por medición que el espíritu de su hermano gemelo muerto todavía estaba aquí y que intentaba llamar la atención para intentar continuar la relación rota con su hermano. Citamos a «James» para que se reuniera con nuestro grupo de curación y juntos pudimos ayudar al espíritu del gemelo muerto a que volviera a su legítima esfera y a que dejara de interferir en la vida de su hermano. También llegamos a la conclusión de que los actos de piromanía tenían el mismo origen. Mantuvimos contacto con «James» durante algún tiempo y pudo seguir una vida normal sin más problemas de esta naturaleza.

Hemos descubierto casos en los que las energías terrenales se han visto afectadas adversamente por las almas incorpóreas. Al parecer les resulta más fácil relacionarse con el mundo físico en lugares con energías terrenales negativas; la fuerza de la atmósfera sutil se aplica a la gravedad y a la manifestación física, en vez de a la *ligereza*, en la dirección del espíritu. Por lo tanto, parece que se esfuerzan por aumentar el efecto negativo para estar presentes. Estos descubrimientos enfatizan la necesidad de curar las presencias que habitan un lugar así como el lugar en sí mismo; si no se hace así, la casa puede volver a caer enferma pronto y cualquier persona sensible que viva en ella puede resultar dañada.

En ocasiones también nos hemos encontrado con casos en los que las almas incorpóreas se han servido del sistema eléctrico. Una vez, cuando nos pidieron que curáramos una casita en Gales, la señora mencionó algo acerca de un consumo de electricidad desorbitado. No sólo las energías terrenales eran negativas, sino que además había un alma incorpórea implicada. Al final resultó que su marido había muerto de repente y en unas circunstancias muy dramáticas, y fue poco después cuando los recibos de la electricidad empezaron a aumentar de forma alarmante, sin que la familia utilizara más electricidad de la habitual. Nosotros llegamos a la conclusión de que el marido intentaba manifestar su presencia porque quería hacerle llegar a su viuda un fragmento vital de información práctica; de algún modo había sido capaz de utilizar la energía eléctrica en su intento de manifestarse de un modo suficientemente claro. Después de curar las energías terrenales y medir la información que el marido incorpóreo nos ofrecía, le ayudamos a llegar a su esfera de existencia legítima y el consumo de electricidad volvió a los niveles normales.

Objetos con poder

«Jenny» tenía una enfermedad degenerativa que la había dejado inválida. Lo estaba intentando todo para curarse. Se puso en contacto con nosotros porque le preocupaba pensar que las energías de su gran casa la estuvieran perjudicando. De hecho, había problemas y realizamos las correcciones necesarias. Sin embargo, después de poco tiempo las energías volvieron al estado negativo, así que pensamos que tenía que haber algo más de lo habitual. Mediante medición, descubrimos que en la casa había lo que ahora llamamos un «objeto con poder» que afectaba negativamente a las energías terrenales. Más tarde descubrimos que el objeto era una cabeza de león tallada en madera que adornaba el pilar de la impresionante escalera de caracol. Lo habían traído de África como una curiosidad hacía muchos años y lo habían colocado en el pilar porque quedaba muy bien. Sospechamos que algún brujo debió colocarlo allí con algún propósito. Para sorpresa nuestra, tan pronto como lo identificamos como el objeto problemático, el marido de «Jenny» fue a buscar una sierra enorme y cortó la parte superior del pilar. Les aconsejamos que quemaran la cabeza de león en un ritual en el jardín, y lo hicieron poco tiempo después.

Siempre nos acordábamos de este caso cuando visitábamos a «Jenny» y, al entrar en el recibidor por la puerta principal, nos encontrábamos de frente con la espléndida escalera con el pilar muy extraño porque le faltaba la parte superior. Después de aquello, no tuvieron más problemas con las energías terrenales tornándose negativas. Por desgracia, la enfermedad de «Jenny» ya había avanzado demasiado para revertirla, pero fue mucho más feliz y vivió unos años más de fructífera vida. Nuestro trabajo despertó en ella un interés por la curación espiritual y la llevó a ser capaz de canalizar la curación por ella misma a pesar de estar cada vez más desvalida.

Una de las partes realmente gratificantes de este trabajo es el efecto catalítico: abre más y más puertas hacia otras dimensiones de la consciencia humana, y no sólo para nosotros, sino también para nuestros clientes. Un señor nos escribió inmediatamente después de leer acerca de nuestro trabajo en un periódico dominical y nos pidió que midiéramos y curáramos la casa de su hermano. A su hermano le acababan de diagnosticar un tumor cerebral. Se le extendió muy rápido y lo acabó matando, pero la curación de su entorno le supuso, según nuestro corresponsal, un final más agradable de su vida y dejó asombrados a los doctores porque no se deterioró nada hasta poco antes de morir. Le proporcionamos curación espiritual personal, que le ayudó enormemente, y después de su muerte, el hermano que nos había escrito empezó a tomar clases para convertirse en curador y en la actualidad está haciendo un gran trabajo.

Otro ejemplo de un objeto con poder es una espada ceremonial que ocupaba un lugar preferente en el recibidor de alguien. Nuestro cuestionario nos llevó a descubrir que había pertenecido a un oficial de alto rango que había ordenado la decapitación de un grupo de piratas capturados en el Mar del Sur de China. La espada no les había cortado la cabeza, pero representaba a aquella autoridad. No fue fácil encontrar un lugar de existencia legítimo para los bandidos y aconsejamos a los propietarios de la espada que la sacaran de casa, al menos durante un tiempo. Desgraciadamente, se la dieron al jardinero, que se puso enfermo. No supimos el final de esta historia porque no tuvimos la oportunidad de limpiar la espada. Desde entonces hemos aprendido un modo de sacar las energías de un objeto así de una casa y lo pondremos en práctica en el futuro. A una persona una vez le aconsejaron que dejara un objeto ofensivo frente a la puerta de su casa para que lo recogiera quien se suponía que debía tenerlo después. ¡Las implicaciones kármicas de este tipo de soluciones necesitan un tiempo de reflexión!

Una vez aconsejamos a una señora que tenía una *German stein*, una jarra de cerveza con una tapa, y que emanaba vibraciones negativas en el salón, que la sacara de casa. Decidió llevarla a la tienda de antigüedades del pueblo. El propietario no estaba así que la señora la dejó para que hicieran una valoración. Se quedó terriblemente avergonzada cuando volvió a llamar a la tienda: no encontraban la jarra por ningún sitio, de modo que la misma jarra se había retirado de la circulación.

Los objetos, por supuesto, pueden imbuirse de energía positiva. Algunos ejemplos bastante obvios son los objetos religiosos que han sido bendecidos por algún cura.

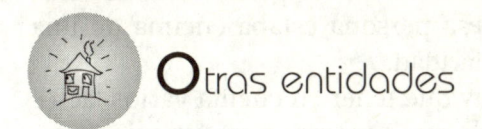

Otras entidades

Existen otras entidades no físicas aparte de las almas incorpóreas. Los elementales, o los espíritus de la naturaleza, algunas veces pueden provocar problemas. Nuestra experiencia en esta materia es muy limitada, pero hemos querido mencionarlos porque no debería ignorarse la posibilidad de que estén involucrados. Por supuesto, muchos son beneficiosos, en especial para ayudar a florecer a las plantas y los árboles. Sin ninguna duda, los jardineros que hablan con sus plantas se dirigen a estos ayudantes de la Naturaleza, y si las llaman divas ¡no se refieren a las sopranos! En ocasiones, estos espíritus están desplazados, quizás por la caída de un árbol o por la desaparición de una zona verde o de una planta en especial. Se sabe que se inmiscuyen y molestan a las personas y los espacios porque ya no tienen ningún lugar donde vivir. La solución es encontrarles un hábitat adaptado a sus necesidades.

•• Curar casas enfermas

También hemos descubierto que en algunas casas viejas hay un *guardián* desde su construcción. Durante un ritual se enterraba un animal, normalmente un perro, en la chimenea o en la puerta principal y se le confería la responsabilidad de cuidar de aquel lugar. Años más tarde, con las renovaciones y las modificaciones se han encontrado los huesos y el guardián se ha quedado sin casa, merodeando por allí, intentando volver a su espacio y resentido con los que lo habían molestado. En estos casos, recomendamos a los propietarios actuales de la casa que escojan un objeto que pueda designarse como el espacio propio del guardián, como una casa de perro, y colocarlo en la chimenea o en la entrada. De este modo, reconocen su presencia y ayuda a recolocarlos. Hemos recibido respuestas sorprendentes acerca de los efectos de este pequeño, aunque significativo, acto de rehabilitación.

Naturalmente, los seres humanos también pueden afectar el ambiente de un lugar y, a su vez, la polaridad de las energías terrenales. A veces, nos encontramos que una línea pasa de ser positiva a negativa dentro de una misma casa. Debemos ser cautos con esto, pero lo que suele ocurrir es que alguien ha vivido una experiencia muy significativa en ese punto, por ejemplo enterarse de muy malas noticias, o mantener una fuerte pelea o incluso una muerte repentina. Dado que esa persona estaba encima de una línea energética, cambió la polaridad.

Al curar casas enfermas hay que tener en cuenta varios factores, y es probable que a medida que vayamos aumentando nuestra experiencia en este ámbito seamos capaces de encontrar más. Opinamos que es muy probable que algunos de los aparatos que se venden para combatir la tensión geopática no abarquen el problema de las presencias o las entidades. Quizás esto explica que muchos clientes nos digan que han probado esos remedios y que el efecto no ha sido demasiado duradero.

Hay que ir con mucho cuidado al tratar esta rama del trabajo, algo que obviamente está en otra dimensión de la consciencia. En realidad es mejor no tocarla a menos que sepas cómo desenvolverte con total seguridad. Hablaremos sobre la protección personal en el Capítulo 9.

Capítulo 7

Historias personales

Siempre aprendemos mucho de las reacciones de nuestros clientes. Algunos, como los que presentamos en este capítulo, son muy generosos al invertir su tiempo en compartir con nosotros sus sentimientos. Otros se limitan a mencionarlos algún tiempo después, a lo mejor cuando se trasladan y quieren que les hagamos una visita en su nueva casa. «Vuestro trabajo en Blackberry Cottage hace cinco años nos fue muy bien, y nos gustaría que...». Hubiera sido bonito que nos lo hubieran dicho entonces.

A veces nos llaman preocupados porque los síntomas son peores justo después de la curación. Lo comparamos con los efectos del tratamiento homeopático: si el remedio es el correcto, los síntomas se acentúan antes de desaparecer. Obviamente nos aseguramos de que las energías siguen siendo positivas e invitamos a la persona en cuestión a que nos vuelva a llamar si la situación no ha mejorado al cabo de una semana o diez días.

Para algunas personas resulta difícil aclimatarse al cambio a mejor en su entorno sutil, igual que a otra persona le costaría adaptarse a la calurosa y seca India viniendo de la fría y húmeda Inglaterra o adaptarse al cambio horario cuando se viaja por todo el mundo. Les decimos que les están pasando algo similar al *jet lag*.

Sin embargo, muy a menudo no sabemos nada más sobre nuestros clientes, muchos terapeutas pueden confirmarlo, ya que la gente que mejora se va y se olvida de uno, y sólo vuelve si no está satisfecha.

Las historias que presentamos a continuación son de personas a quien hemos curado las casas. Hablan ellos mismos.

•• Curar casas enfermas

Margaret de Essex

«Cuando todavía no llevábamos un año viviendo en casa empecé a sentirme más cansada de lo habitual. A medida que fueron pasando los años, parecía que mi energía estaba constantemente bajo mínimos, cosa que no me permitía llevar una vida normal. A estos problemas se añadieron un desequilibrio hormonal y una susceptibilidad a la comida.

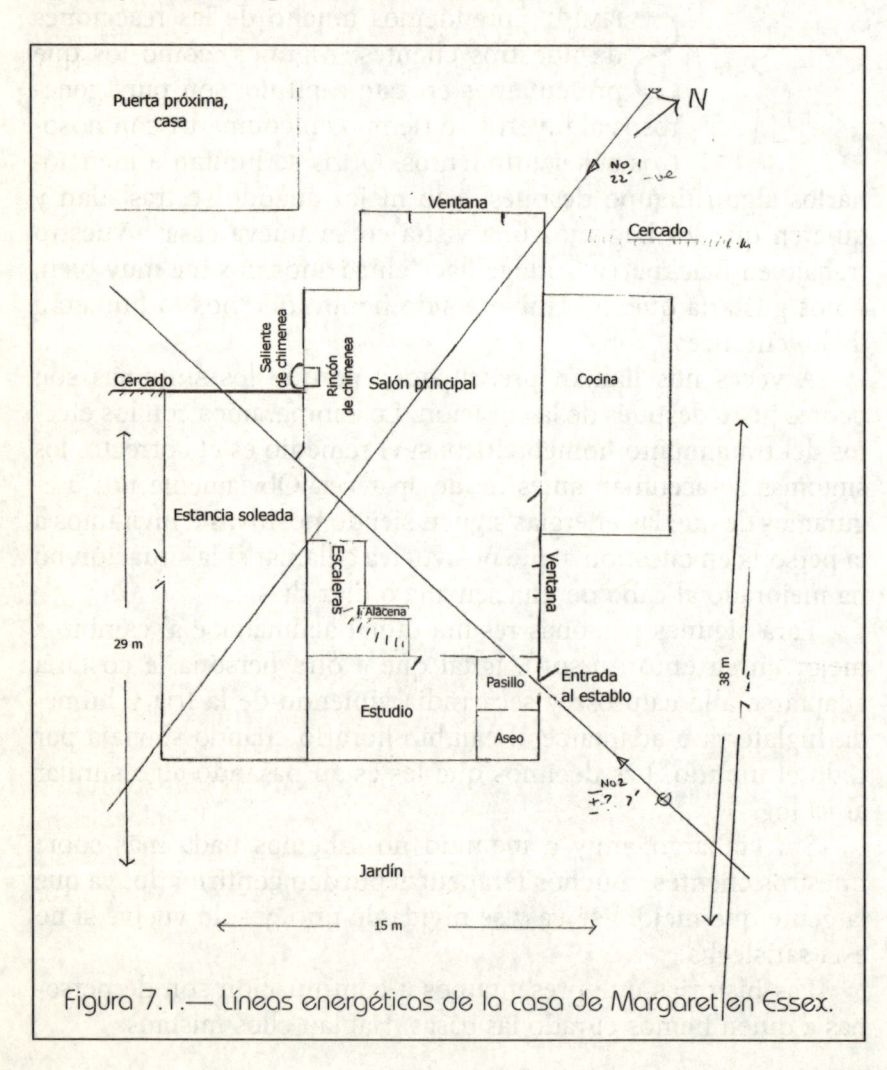

Figura 7.1.— Líneas energéticas de la casa de Margaret en Essex.

»Más tarde, en 1997, un amigo descubrió, mediante medición, que había una corriente subterránea justo debajo de nuestro dormitorio que, por lo que veo, no es bueno para la salud. Pasaron dos años y vinieron más problemas relacionados con el cansancio hasta que un amigo me puso en contacto con los Procter.

»Encontraron dos líneas energéticas negativas en casa y dos semanas después de la curación me sentí positiva y motivada después de mucho tiempo. Luego vi cómo iba aumentando la energía de mi cuerpo, lo que hacía que las tareas diarias fueran más llevaderas. Ahora subo y bajo las escaleras sin que me pesen las piernas y la susceptibilidad a la comida ya ha desaparecido. Estoy sorprendida y a la vez impresionada por los resultados y recomendaría a cualquiera el valioso trabajo que desempeñan los Procter.»

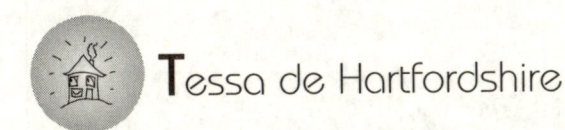

Tessa de Hartfordshire

«En 1997 me diagnosticaron un linfoma. Pronto me di cuenta de que no podía tener una confianza plena en la habilidad de los médicos para recuperarme por completo, sencillamente porque no tenían en cuenta los aspectos que yo sentía que me habían conducido a la enfermedad. Intuitivamente sabía que había una combinación de aspectos que habían contribuido a que mi sistema inmunológico fallara y sospechaba que si podía arreglarlos tendría más posibilidades de recuperarme. Así que comencé mi aventura. Miré libros y revistas del cuerpo y la mente, en ese orden, sin darme cuenta entonces de que no están relacionados. Cuando leí un artículo sobre las energías terrenales negativas en la revista *Caduceus* supe que aquello era importante en mi caso porque llevaba mucho tiempo sintiéndome incómoda en casa. Nos construimos la casa a principios de los años 80 en lo que había sido un granero, muy cerca de una subestación eléctrica. Invité a un medidor local a que echara una ojeada y, para mi sorpresa, dijo que había detectado que dormía encima de una combinación de tensiones geopáticas. Sin embargo, el cambiar de dormitorio no hizo que mi mente mejorara o que mi desfallecimiento desapareciera y, un tiempo después, llamé a Ann y a Roy para que me ayudaran.

•• Curar casas enfermas

»Les envié un plano muy sencillo de la casa. Primero mi marido habló con Ann porque aquel día yo no estaba en casa. Más tarde me dijo que había ido, teléfono en mano, hasta el armario de la cocina que nos sirve un poco de almacén, donde lo guardamos todo. Me impresionó la exactitud de las indicaciones porque parecía que buscaban algo plano como un cuadro en la pared. Una semana después Ann habló conmigo y me guió, teléfono en mano, otra vez hasta el mismo armario. Sabía lo que había allí dentro así que no tardamos mucho en encontrar lo que estábamos buscando. Cuando lo localizamos me eché a llorar por la liberación emocional que supuso. Se trataba del títere balinés que le había comprado a mi marido por su cumpleaños hacía cinco años.

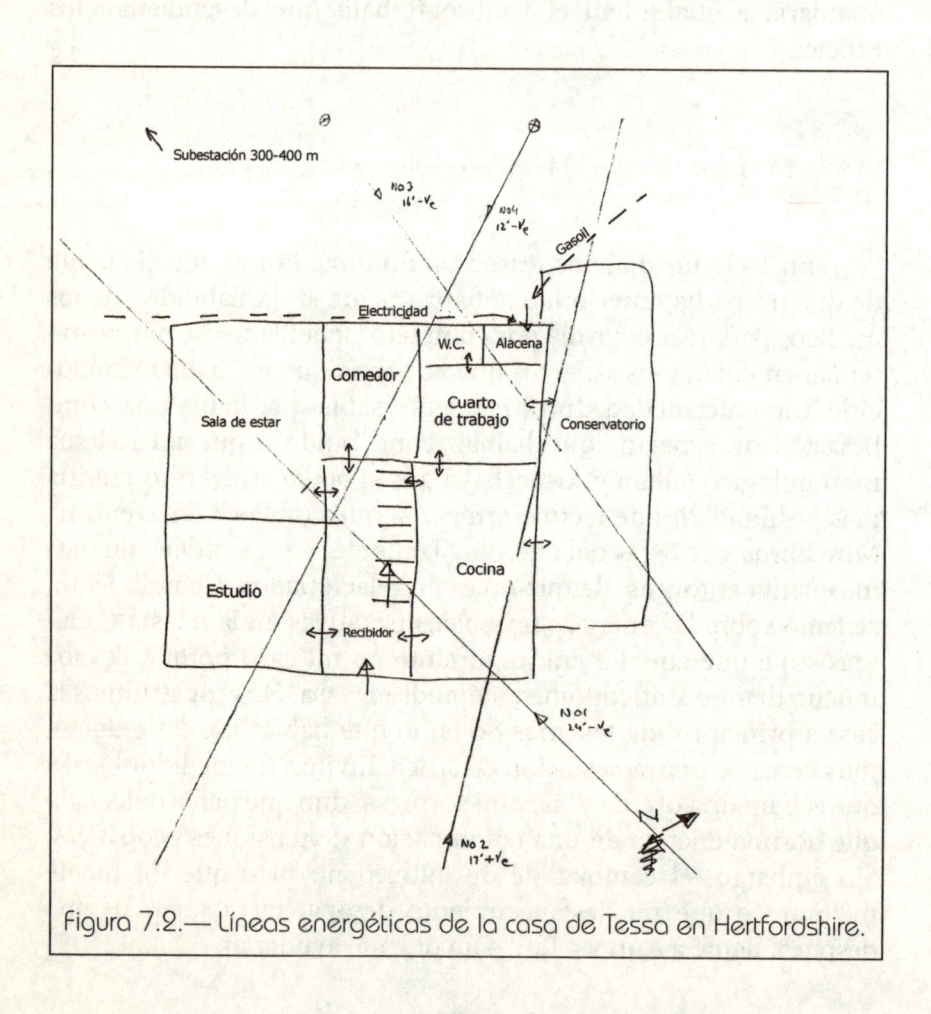

figura 7.2.— Líneas energéticas de la casa de Tessa en Hertfordshire.

»Hacía tres años, justo antes del diagnóstico y durante una mala época entre mi marido y yo, me dijo que lo descolgara porque le parecía algo feo. Como yo no quería tirarlo, lo metí en una bolsa de papel y lo dejé en el armario. Para mí fue una experiencia increíble porque aquello fue la señal que me dijo que necesitaba restaurar mi fe en Dios y sus poderes de curación. Ann se preocupó porque me emocioné mucho y me sugirió que lo sacara de casa lo antes posible. Hice una hoguera en la chimenea y lo quemé en un ritual. Me arrodillé porque tenía aquella compulsión de rezar para pedir perdón por traerlo a nuestras vidas. El resultado de esta experiencia increíble es que ahora tengo una fe infinita en la oración y la energía divina que hay en nosotros y en nuestro entorno. Para mi trabajo como diseñadora de exteriores es muy importante trabajar con exteriores sanos. Sin embargo, si estoy tranquila es sobre todo porque sé que Ann y Roy siguen enviándome su curación.»

Elena de Luxemburgo

«Resulta difícil expresar en palabras lo que Ann y Roy Procter han hecho por mi casa a intervalos durante los últimos años. Resulta difícil porque ni yo misma acabo de entenderlo y resulta difícil porque los beneficios que he obtenido obviamente están abiertos a puntos de vista subjetivos o a buenos deseos.

Ni Ann ni Roy han visto jamás mi casa ni tampoco nos hemos visto nunca en persona. Me puse en contacto con ellos a través de una amistad común en un momento en que mi casa era escenario de una destrucción y un dolor doméstico repentino. No pudieron (ni tampoco era lo que pretendían) evitar la destrucción pero sí que trabajaron con la casa, descubrieron y curaron unas agudas líneas energéticas negativas e interferencias. Para mí, mi casa pasó de ser un lugar de conflicto a ser a un lugar de fuerza.

»En ocasiones este equilibrio se ha visto perturbado. Ann y Roy lo han vuelto a colocar en su sitio, me han ofrecido amables explicaciones acerca de por qué esta delgada línea de salud se había visto afectada. Como ya he dicho antes, no sé exactamente qué hicieron, pero sé que sus explicaciones siempre han coin-

•• Curar casas enfermas

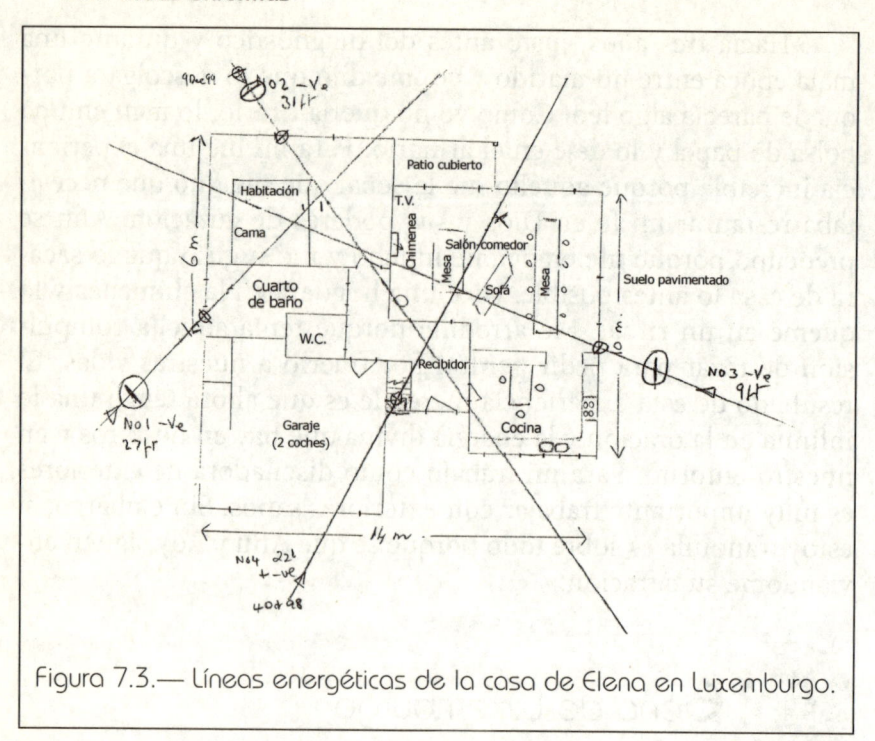

FIGURA 7.3.— Líneas energéticas de la casa de Elena en Luxemburgo.

cidido con los hechos vividos aquí y también sé que les estoy agradecida por su ayuda.»

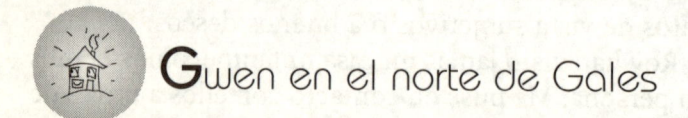

Gwen en el norte de Gales

«Leímos un artículo sobre vosotros en un dominical del periódico. En aquel momento, estábamos desesperados por saber por qué, a pesar de ser habitualmente unas personas optimistas y positivas, parecía que encadenábamos una crisis detrás de otra. Mi hermana, muerta, era curadora y había estado la mayor parte de su vida dedicada a la curación. Yo soy más terrenal pero siempre he creído en el poder del bien y que en la vida hay muchas más cosas de las que vivimos.

»Necesitábamos ayuda y sentimos que había alguien ahí fuera: ahí estábais vosotros y os lo agradezco. Mi hija (la que ilustra

Historias personales

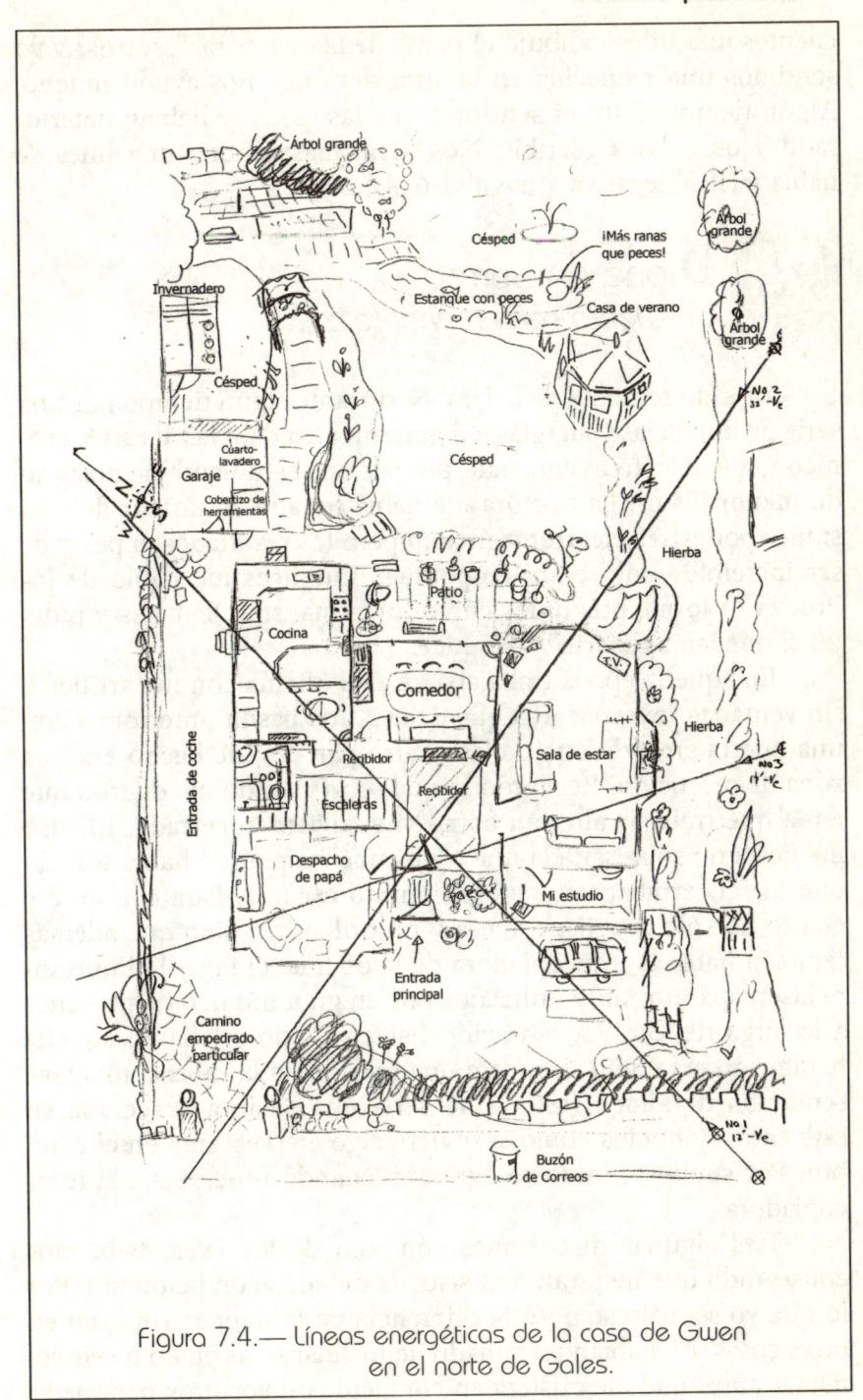

Figura 7.4.— Líneas energéticas de la casa de Gwen en el norte de Gales.

•• Curar casas enfermas

cuentos infantiles y dibujó el plano de la casa para vosotros) y yo sentimos una *relajación* en la atmósfera que nos ayudó mucho. Algún tiempo después sentimos que las cosas se habían deteriorado y os volví a escribir. Nos confirmasteis que una línea se había vuelto negativa y la volvisteis a curar.»

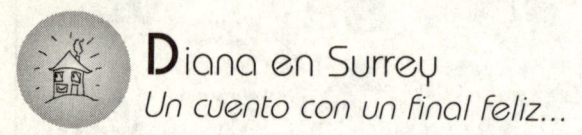

Diana en Surrey
Un cuento con un final feliz...

«He sido paciente de la Dra. N. durante algún tiempo por una serie de dolencias y alergias, en gran medida debidas al estrés crónico y, además, todo agravado por ser una estudiante de postgrado menopáusica. La doctora me había tratado en un par de ocasiones por estrés electromagnético pero los resultados, a pesar de ser increíbles, sólo eran temporales. Entonces me habló de los Procter. "No me preguntes cómo funciona, sólo llámales y pídeles si pueden ayudarte". Y lo hice.

»En aquella época trabajaba en una oficina con luz artificial, sin ventanas (excepto una que daba a una pasillo interior) y con una puerta en cada una de las cuatro paredes; de hecho era una zona de recepción. Recuerdo lo que sentí cuando me dijeron que tenía que trabajar allí: era como si estuviera encerrada. Incluso me desperté sobresaltada una o dos noches porque había soñado que me encerraban en aquel diminuto espacio. Para colmo, ese cuarto no sólo acogía mi mesa y mi ordenador sino que además también había la fotocopiadora de la oficina, el fax y la impresora láser; aparatos muy utilizados por un gran número de personas a lo largo del día. La sensación física cuando estaba en aquella habitación era como si tuviera una presión en la cabeza, una leve sensación de ahogo (asfixia no sería una palabra exagerada en este caso), y notaba como si tuviera algo efervescente en el cerebro. Por supuesto, todo se agravaba cuando funcionaba la fotocopiadora.

»Tras algunas discusiones con uno de los jefes, habíamos conseguido que mejoraran el sistema de aire acondicionado. Por lo que yo sé, sólo se notó la diferencia en la temperatura, no en otras cosas. Lo habían terminado de instalar unas cinco o seis semanas antes que me pusiera en contacto con vosotros para pedi-

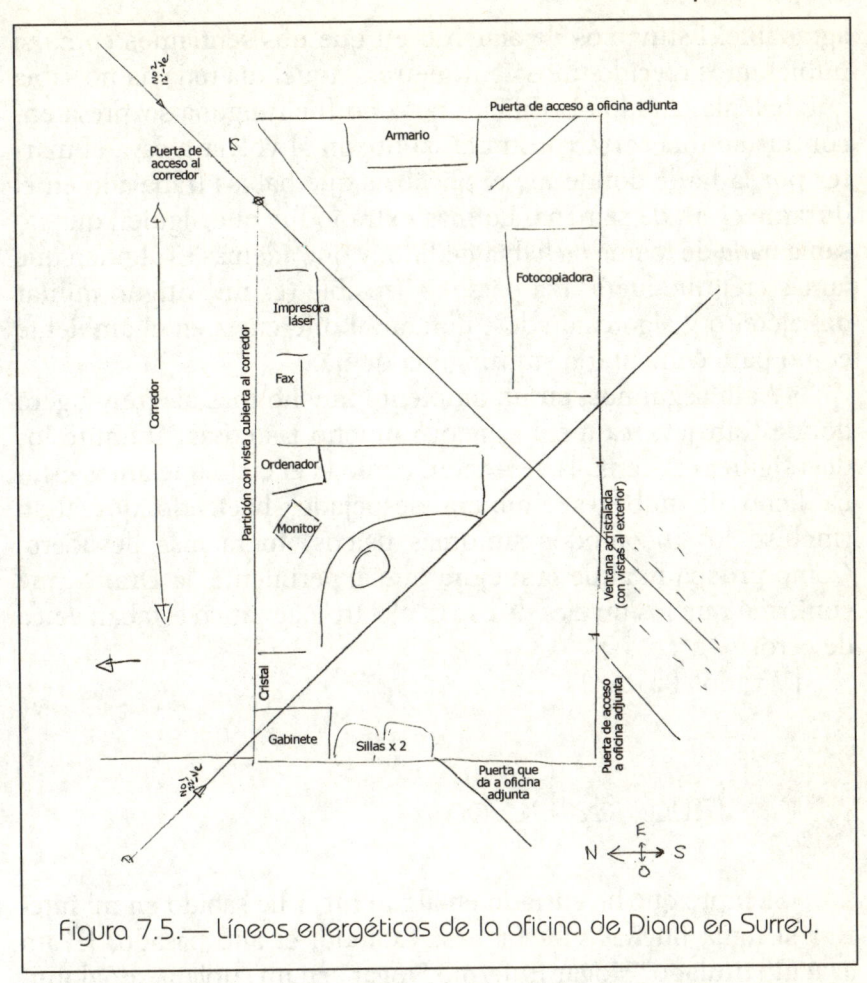

Figura 7.5.— Líneas energéticas de la oficina de Diana en Surrey.

ros si podríais curar mi casa y mi lugar de trabajo. Debo decir que nadie más sabía nada acerca de esto. Un lunes por la mañana entré en la oficina (con la habitual sensación de terror y resignación) y descubrí que las cosas desprendían algo distinto. No hubo tiempo de analizar cómo y por qué ya que el enorme volumen de trabajo necesitaba atención inmediata. Sin embargo, al cabo de una hora más o menos, un colega entró en la habitación e hizo un comentario acerca del cambio que se notaba en la atmósfera. "Debe ser que el aire acondicionado funciona mejor, posiblemente han hecho algún cambio durante el fin de semana".

»Le pregunté qué diferencia notaba y me dijo que el ambiente era mucho más ligero (¡y en realidad lo era!) y, en general, más agradable. Estuvimos de acuerdo en que nos sentíamos como si hubiéramos crecido unos centímetros. Aquel día todavía no sabía que habíais curado el edificio, pero no fue ninguna sorpresa encontrarme una carta vuestra en el buzón al volver a casa el martes por la tarde donde me explicábais que habías trabajado en él durante el fin de semana. Lo más extraño fue que alguien que no sabía nada de lo que os había pedido, y que además es alguien que jamás creí que fuera una persona sensible (es un antiguo militar del ejército y algo exaltado), notara tal diferencia en el ambiente como para comentarla sin ninguna queja.

»Y allí seguimos, en un ambiente mucho más alegre y ligero donde trabajar; realmente mejoró mucho las cosas. Durante los días siguientes, tenía la sensación como si el cielo que antes estaba lleno de nubes se hubiera despejado, haciendo que todo (incluso los incómodos síntomas físicos) fuera más llevadero. Como prueba final de la mejora que experimenté, la Dra. N. me confirmó que los niveles de estrés electromagnético estaban cerca de cero.

¡Viva los Procter!»

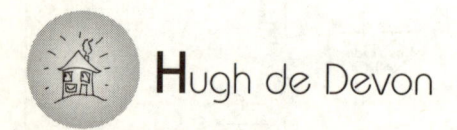

Hugh de Devon

«Siempre que he entrado en algún lugar he sabido en mi interior si tenía buenas vibraciones. Cuando, el año pasado, leí un artículo titulado "Hogar Enfermo Hogar" en un suplemento dominical del periódico sentí la necesidad de saber más sobre el tema. Creo que apareció en *The Sunday Times*, un periódico que no suelo leer, pero resulta que aquel fin de semana vinieron unos amigos y lo compraron. Una jugada del destino. De todos modos, al ver vuestra dirección al final del artículo me decidí a escribiros para pediros más información. Me mandasteis una serie de folletos sobre vuestros Talleres. El Taller 1 era "Acceder a la Intuición vía Medición". Me apunté y fui allí el primer día y, como siempre, noté las buenas vibraciones.

»En el primer taller estaba un poco nervioso porque no sabía qué me iba a encontrar y qué tipo de gente iba a ir. Pensaba que no podría seguir los comentarios y que las conversaciones serían

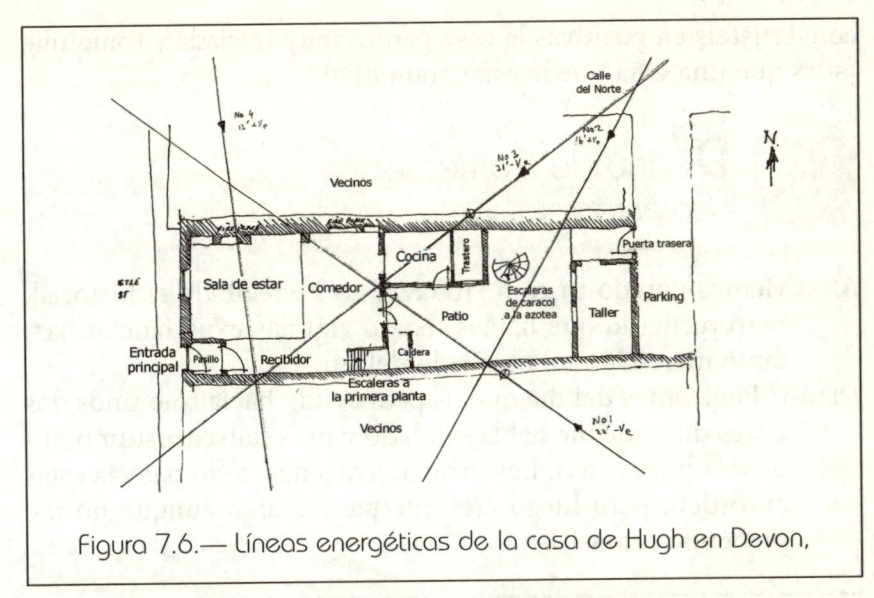

Figura 7.6.— Líneas energéticas de la casa de Hugh en Devon.

de un nivel demasiado alto para mí. No tenía de qué preocuparme. El primer taller me pareció fascinante; no sabía que se puede medir cualquier cosa sólo haciendo las preguntas correctas. Descubrí las líneas energéticas que cruzan el planeta y cuya polaridad, anchura y largo pueden variar. También fue muy interesante observar las muchas y distintas formas de medir que existen.

»Al salir del primer taller, no sólo sentí una sensación de bienestar, sino que además me noté lleno de energía y tuve la sensación de haber disfrutado al máximo del día conociendo gente nueva.

»Poco tiempo después de aquel primer taller nos mudamos de casa. Antes de venir al segundo taller os di mi nueva dirección. Después del segundo taller me dijisteis que había un par de líneas energéticas negativas en la casa nueva y me preguntasteis si me gustaría que la curarais. Os envié un plano muy sencillo para que trataseis las líneas energéticas negativas.

»Yo sentía que nuestra casa, antes de la medición, estaba *sana*, pero también noté que había margen de mejora. Había notado que la antigua propietaria no se había acabado de sentir bien viviendo allí. He hablado con ella más tarde y ha confirmado mis sospechas. Para mí, las líneas negativas de casa no eran opresivas, pero quizás era porque mi propia energía era lo suficientemente fuerte como para contrarrestarlas. De todos modos, desde que las

•• Curar casas enfermas

convertisteis en positivas la casa parece muy relajada y tranquila, ¡si es que una casa puede estar tranquila!»

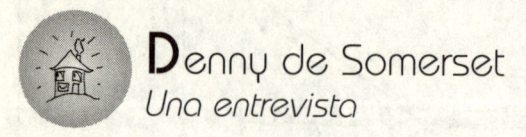

Denny de Somerset
Una entrevista

ANN: Hemos curado tu casa. Todavía no he recibido el historial, pero recuerdo que habías tenido algunas experiencias bastante increíbles «al otro lado del túnel».

DENNY: Poco antes del día que os pedí ayuda hacía sólo unos dos o tres días que me había mudado y me estaba acostumbrando a la nueva casa. Los primeros dos días todo parecía estar en orden, pero luego creí que pasaba algo aunque no me preocupé demasiado.

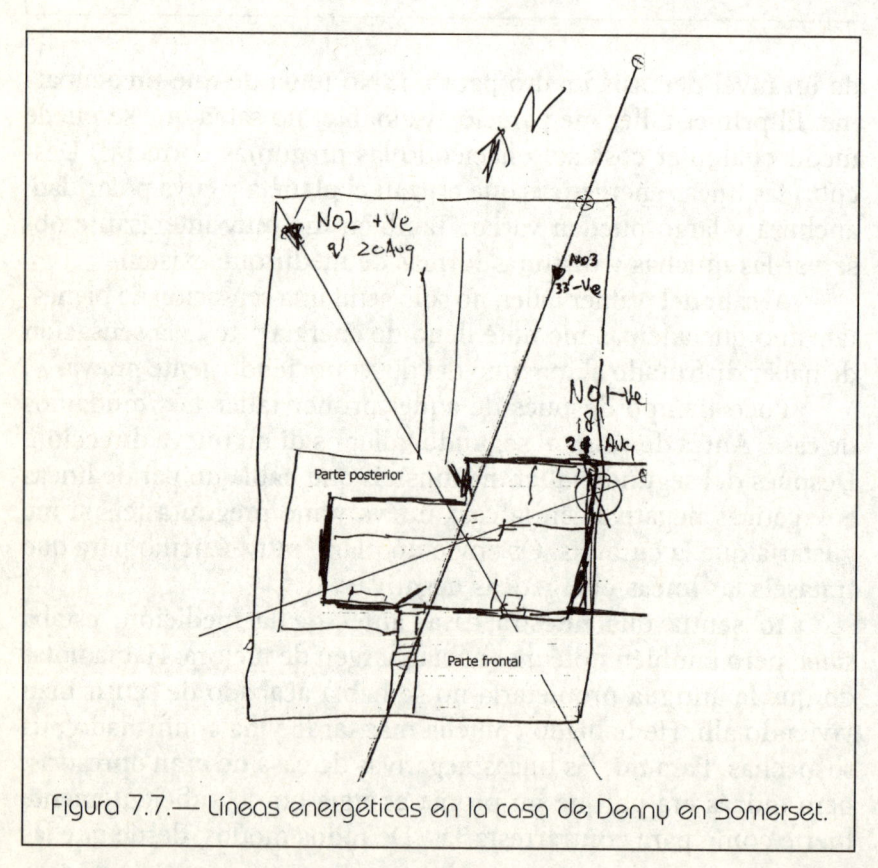

Figura 7.7.— Líneas energéticas en la casa de Denny en Somerset.

Ann: ¿Cuánto hace que te mudaste?
Denny: En 1991, hará unos siete u ocho años. Pero eso da igual. Me levanté un lunes por la mañana, creo, y fui al baño a cepillarme los dientes cuando hubo una tremenda explosión en el dormitorio. Tenía una preciosa vitrina de cristal antigua llena de libros que saltó unos tres metros hasta el otro lado de la habitación. Había escalado por una pared y había ido a parar al otro lado de la habitación. Cuando volví ya vi que no estaba bien. El cristal estaba roto y hecho añicos. Fue una lástima porque era un mueble precioso. Así que decidí que pasaba algo que necesitaba una revisión. Como al día siguiente os iba a ver en la reunión del grupo de curación, pensé que podríamos estudiarlo allí. Recuerdo que encontramos dos líneas negativas, creo, y las curamos en la sesión de grupo.
Ann: Sí, creo que fue así.
Denny: Decidí volver a casa y experimentarlo.
Ann: ¡Estás loco!
Denny: Volví a casa. Estaba un poco turbulenta. Entonces se produjo un apagón en casa y no se arregló a pesar de que apagué los diferenciales de los otros sistemas para aislar el que fallaba. No sirvió de nada todo lo que intenté. Así que decidí irme a la cama. Recuerdo perfectamente que al estirarme en la cama todo fue un poco como una historia de ciencia-ficción, algo como *Regreso al futuro*; había un túnel del tiempo en forma de espiral y yo viajaba a través de él a una velocidad constante a pesar de estar despierto y consciente, y aquello duró una media hora, más o menos. No estaba alucinando ni bajo la influencia de nada que me hubiera tomado. Y luego, todo volvió a tranquilizarse otra vez. Entonces mi cama estaba virtualmente encima de una de las líneas, de modo que lo que había vivido había sido la conversión a positiva de una línea negativa. A la mañana siguiente todo era normal, había vuelto la electricidad y todo funcionaba correctamente. Ésa es la historia.
Ann: Sí, pero hay otra parte que creí que ibas a explicar. Hicimos otra sesión de curación un tiempo después, tenías un amigo en casa que era un experto en electricidad, volvieron a saltar los diferenciales y no pudo arreglarlo.

DENNY: ¡Ah, sí! Ya me acuerdo, aquello fue el segundo asalto. Hacía algunos años habíais curado a distancia mi casa mientras yo estaba dentro, y pasó algo; el sistema eléctrico falló y no podíamos arreglarlo. Sin embargo, al cabo de un rato recordé que tenía un detector de tensión para proteger el televisor y prevenir cualquier subida de voltaje, o la caída de un rayo, etc., y había quedado destrozado. ¡Como te lo digo! ¡La curación fue muy potente!

ANN: Lo siento, no queríamos hacerlo. ¡Sólo pretendíamos curar la línea negativa de tu casa!

DENNY: Bueno, pues fue la destrucción del protector de tensión lo que provocó el fallo del sistema eléctrico.

ANN: De modo que cuando hicimos la curación provocamos la destrucción del protector. ¿Y eso provocó el resto?

DENNY: Sí. Había mucho poder circulando por la casa.

ANN: No sabía que podíamos provocar algo así. ¿Qué pasó luego? ¿Volvió la electricidad?

DENNY: Sí, todo volvió a funcionar a la perfección.

ANN: ¿Hemos curado tu casa más veces?

DENNY: Creo que no. Os he pedido que revisaseis las líneas de vez en cuando y no creo que encontrarais nada malo. Supongo que en ese caso, hubiera tenido más que ver conmigo.

ANN: Gracias, Denny. ¡Sólo lamento que tus gestos y expresiones no se verán en la grabación! ¡La entrevista ha sido mucho más divertida viéndolos en directo! Debo decir que tus experiencias de anomalías eléctricas coincidiendo con la curación de energías terrenales son únicas. A menudo la gente experimenta algún tipo de reacción, pero ninguna tan dramática como la tuya.

Sarah de Gales

«En enero del año pasado os envié un plano de mi casa para que volvierais a establecer el equilibrio de energías mediante medición.

»En aquel momento sentí que la casa necesitaba que la curaran. Acaban de demoler una iglesia al otro lado de la calle y voso-

Historias personales

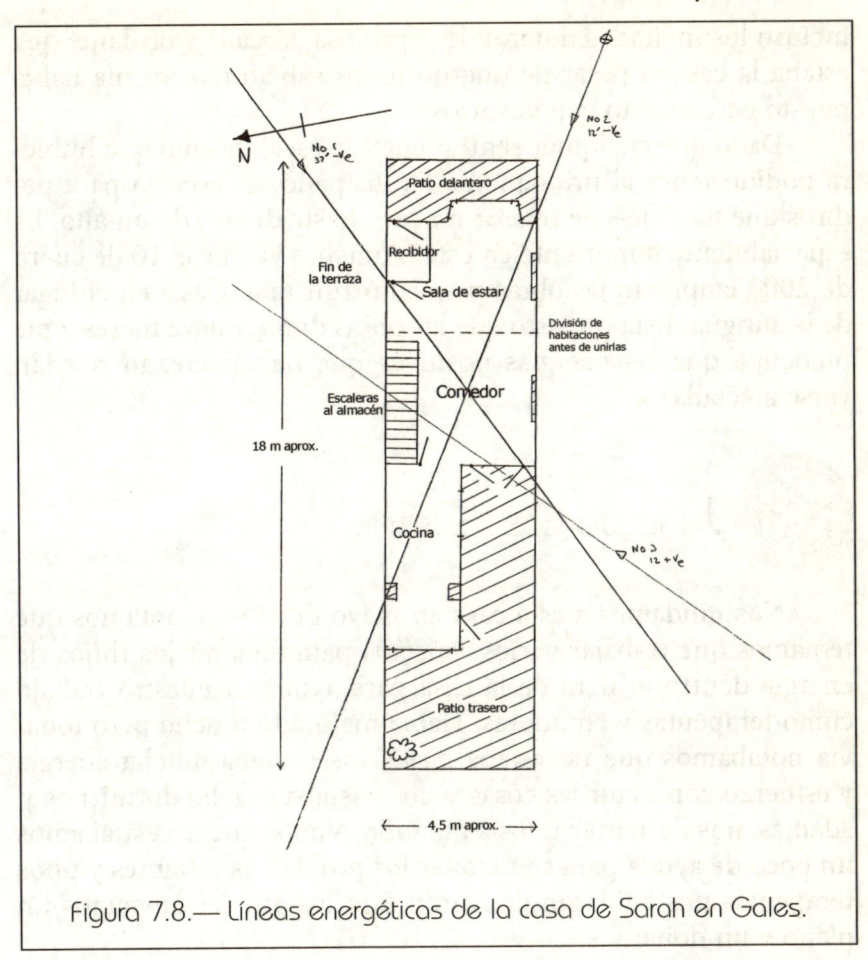

Figura 7.8.— Líneas energéticas de la casa de Sarah en Gales.

tros estuvisteis de acuerdo en que aquello podía haber contribuido a alterar la calidad de las líneas energéticas.

«A pesar de que no me puse en contacto con vosotros inmediatamente después de la medición, estoy segura de que os agradará oír que creo que vuestro trabajo tuvo un efecto muy positivo. Os escribí el lunes 4 de enero de 1999. Vosotros no me dijisteis cuándo ibais a empezar a trabajar en la casa y, sin embargo, el viernes 8 de enero, al volver a casa me di cuenta de la ligereza del ambiente, incluso diría calidez. Antes tenía una sensación de pesadez. Ahora era casi más fácil respirar y el continuo y molesto dolor de cabeza que me acechaba desde hacía un tiempo desapareció al cabo de unas pocas semanas. Mi marido, mi madre e incluso los invitados notaron lo espaciosa, aireada y brillante que estaba la casa, a pesar de que no todos sabían que yo me había puesto en contacto con vosotros.

»Dado que cualquier sentimiento de escepticismo que hubiera podido tener al principio se ha disipado, os escribo para pediros que no dejéis de revisar mi caso hasta dentro de un año. Es especialmente importante en este momento ya que el 10 de enero de 2000 empiezan las obras para construir una iglesia en el lugar de la antigua. Está previsto que las obras duren nueve meses y me preocupa que las energías positivas que habéis creado puedan verse afectadas.»

Jane de East Sussex

«Nos mudamos a esta casa en mayo de 1998 y notamos que teníamos que trabajar varios aspectos para mejorar los flujos de energía dentro y fuera de la casa para ayudar a nuestro trabajo como terapeutas y curadores. Había mejorado mucho pero todavía notábamos que no estaba *bien*. Nos costaba mucha energía y esfuerzo conseguir las cosas y nos costaba mucho dormirnos y, además, nos despertábamos a menudo. Vimos que necesitábamos un poco de ayuda para solucionar los problemas restantes y unos terapeutas nos hablaron de Ann y Roy, así que les enviamos un plano y un donativo.

»Su respuesta nos estaba esperando en el buzón cuando volvimos a casa después de un curso de una semana. Nos dijeron que había dos líneas energéticas negativas que se habían transformado en positivas. Asimismo, como nosotros sospechábamos que anteriormente había habido granjas en aquellas tierras, Ann y Roy midieron la zona en busca de *entidades* o *presencias* que aún estuvieran allí desde aquella época. Antiguamente, la gente enterraba animales en la chimenea o en la entrada de la casa a modo de guardián. Al parecer, a los nuestros no les gustó el nuevo edificio y se sintieron confundidos y deshonrados. Ann y Roy nos lo habían explicado y habían intentado tranquilizarnos, pero aquello también merecía nuestro respeto. Nos pidieron que buscáramos un objeto que pudiéramos colocar junto a la chimenea o la

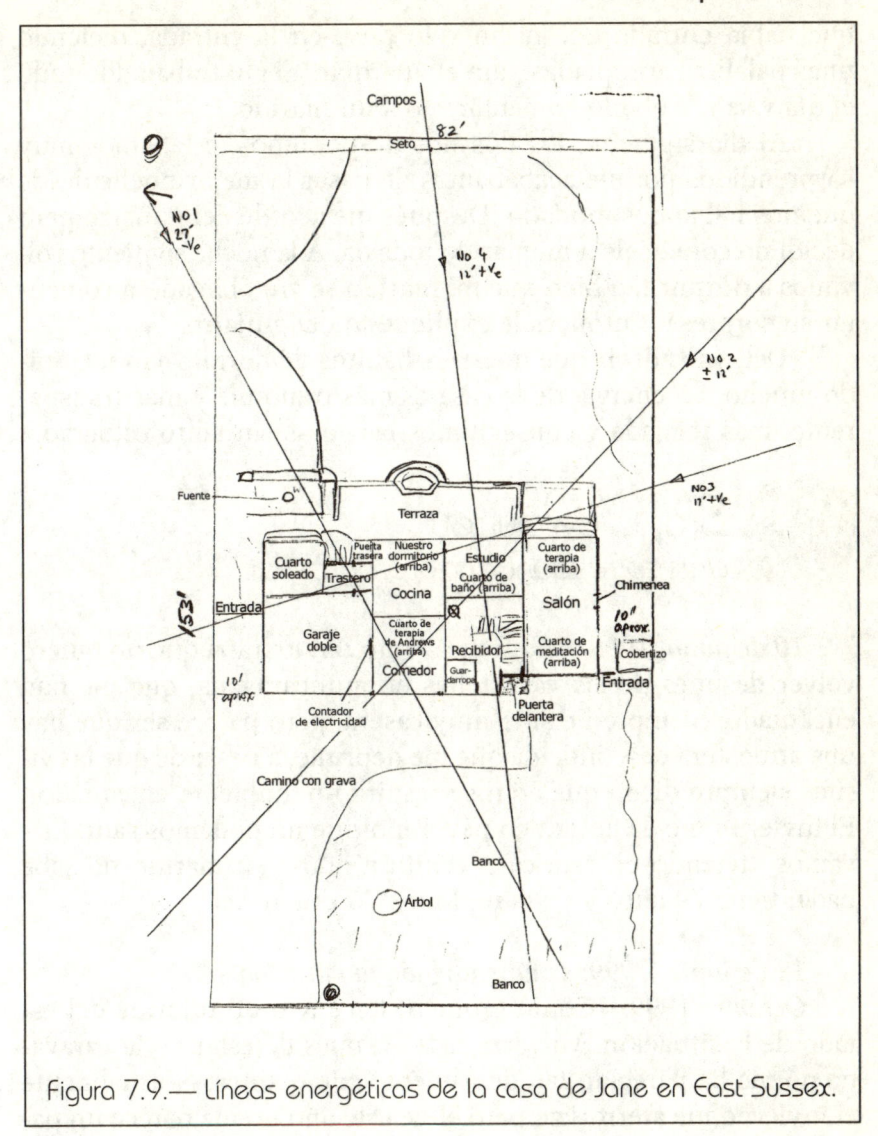

Figura 7.9.— Líneas energéticas de la casa de Jane en East Sussex.

entrada y que se lo dedicáramos al guardián para que así tuviera un lugar donde descansar.

»El trabajo en las líneas energéticas había creado una ligereza en el ambiente extraordinaria. Al principio no se nos ocurría qué objeto podíamos dedicar al guardián y pasada una semana nos fuimos olvidando. Al final me levanté una mañana y, sintiendo la necesidad de tomar la iniciativa, cogí un guijarro grande que había entrado del jardín y lo puse en la entrada, diciendo unas palabras apropiadas para el guardián. Seguí trabajando todo el día y se me olvidó comentárselo a mi marido.

»Al día siguiente los dos nos despertamos, estábamos muy sorprendidos porque acabábamos de pasar la mejor noche desde que nos habíamos mudado. Después me acordé del guijarro pero decidí no contárselo a mi marido todavía. A la noche siguiente volvimos a dormir tan bien que mi marido se vio obligado a comentar su sorpresa. Entonces le expliqué lo del guijarro.

»Debemos decir que nuestros hábitos de dormir han mejorado mucho. La energía de la casa es más tranquila y más transparente, más relajada y conseguimos las cosas sin tanto esfuerzo.»

Sra. L. de Surrey
Una correspondencia progresiva

10 de junio, 1999: «Aquí me siento tan extraña que no quiero volver después de las vacaciones en autocaravana, que me han encantado. Siempre he sido muy casera, pero parece ser que hay una atmósfera desconocida que me deprime, a pesar de que las visitas siempre dicen que aquí se respira un ambiente encantador. El invierno me da auténtico pavor, porque no podemos salir. Llevamos viviendo en esta casa veintiún años. Mi marido no sabe nada, tiene 79 años y yo cumplo los 76 este mes.»

14 de junio, 1999: se ha realizado la curación.

Octubre, 1999: «Como prometí, les envío un informe del estado de la situación. Volver a casa después de estar en la caravana no me ha parecido tan deprimente como antes. Normalmente el invierno me aterroriza, pero el de este año no me parece un panorama tan desalentador. Estoy segura de que su ayuda ha servido de mucho y como, por el momento, me estoy recuperando de un transplante de cadera, la casa resulta muy acogedora. Me siento muy culpable quejándome de un bungalow encantador cuando mucha gente tiene motivos reales para quejarse.»

Enero, 2000: «He descubierto que desde su *tratamiento* me siento mejor en casa, pero no he notado ninguna mejora en mi

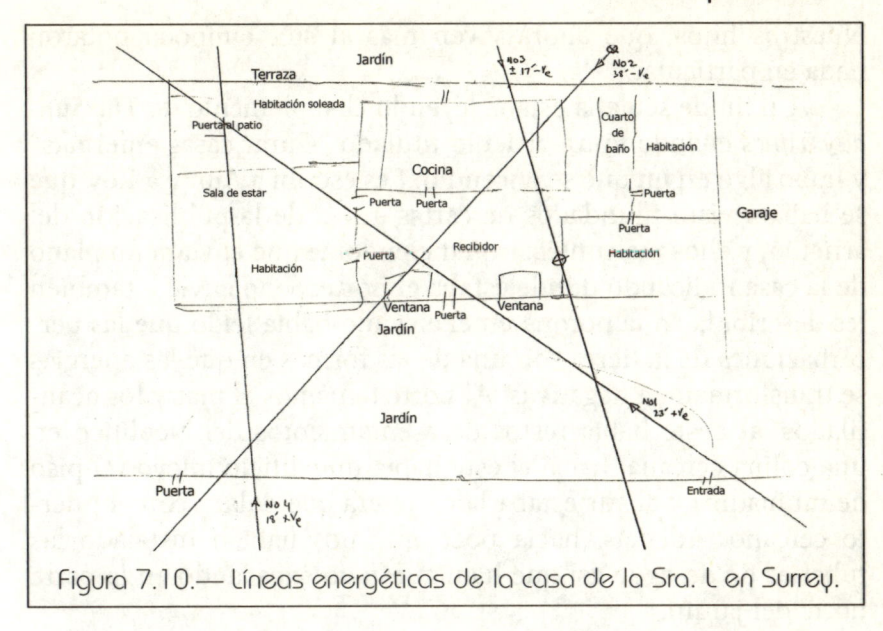

Figura 7.10.— Líneas energéticas de la casa de la Sra. L en Surrey.

estado de salud general. Llegué hasta ustedes porque mi médico homeopático me habló de su trabajo.»

Denise y Mike
de la costa norte de Escocia

«Vivimos en una parte del mundo preciosa. Está bastante escondida, cuando hace mal tiempo es gris e inhóspita, pero gloriosa cuando brilla el sol y vemos las Islas Orkney más allá de Pentland Firth, o cuando bajamos por la hierba hasta llegar a la playa, donde las focas nadan curiosas cerca de la costa y los pájaros que emigran buscan comida en la arena.

»Los cuatro miembros de nuestra familia hemos sido afortunados al poder llevar una existencia bastante despreocupada. Sin embargo, un día me di cuenta de que si estaba sentada en algunos lugares de la casa mucho rato me cansaba mucho, y además tenía mucho frío. Esto me había sucedido desde que nos trasladamos al norte hace quince años. Mi marido no lo notaba, él nunca tiene frío, así que lo achaqué a mi sistema circulatorio.

Nuestros hijos, que ahora viven más al sur, tampoco notaron nada en particular.

»Un fin de semana estaba leyendo el suplemento de *The Sunday Times* cuando vi un artículo titulado "Curar casas enfermas" y hubo algo en mí que se encendió. Les escribí a Ann y a Roy, que se habían visto inundados de cartas a raíz de la publicación del artículo, y ellos me contestaron diciéndome que enviara un plano de la casa indicando dónde estaba el norte. Se lo envié y también les describí la zona porque en el artículo había leído que las perturbaciones de la tierra son una de las formas en que las energías se transforman en negativas. Al norte teníamos el mar y los acantilados, al oeste había restos de asentamientos del Neolítico en una colina cercana, hacia el este había un edificio nuevo (el piso de mi madre) y al sur estaba la carretera que enlaza con el puerto cercano. Además, hacía poco que nos habían instalado las tuberías de desagüe así que habían estado excavando en la parte norte del jardín.

»No sabía cuándo Ann y Roy iban a medir la casa, pero un día noté una sutil diferencia en el ambiente. Les llamé por teléfono para decirles que todo estaba mucho mejor pero que todavía notaba algo negativo. Me habían pedido que les informara de cómo iban las cosas. Mi hermana estaba en casa el día que las líneas finalmente fueron positivas. El martes, de repente, me dijo lo bien que se respiraba en casa y le dije que yo también lo había notado.

Figura 7.11.— La casa de Denise y Mike.

Figura 7.11a.— Mike y Denise.

Llamé a Ann y a Roy por la noche y me dijeron que el lunes por la noche, con el grupo de medición, habían trabajado sobre la zona en lugar de concentrarse en la casa porque había una persona en el grupo que era un especialista en curar zonas enfermas.

»No tengo ni idea de cómo sucedió, pero todo lo que puedo decir es que la casa desprende mejores sensaciones y que ya no me canso tanto ni tengo tanto frío. Mi marido sigue sin notar nada, ¡pero dice que es un hombre insensible! Mi hermana sí que notó la diferencia cuando estuvo en casa. No sabíamos cuándo los Procter estaban trabajando en nuestra casa o en la zona, y como las dos estábamos muy ocupadas no estábamos pendientes todo el día de si pasaba algo. Otro aspecto de interés es que mis niveles de energía están mucho mejor. La sensación de pesadez que solía provocarme un cansancio tal que casi llegué al punto de la inactividad desapareció. Ahora tengo más energía para dedicar a mi trabajo, que ha dado un giro muy positivo, y vuelvo a ser creativa y estoy dirigiendo una producción de *El sueño de una noche de verano* en el teatro local.

»Me gusta buscar una explicación para todo, pero a la vez también quiero tener la mente abierta, creer que los seres huma-

•• Curar casas enfermas

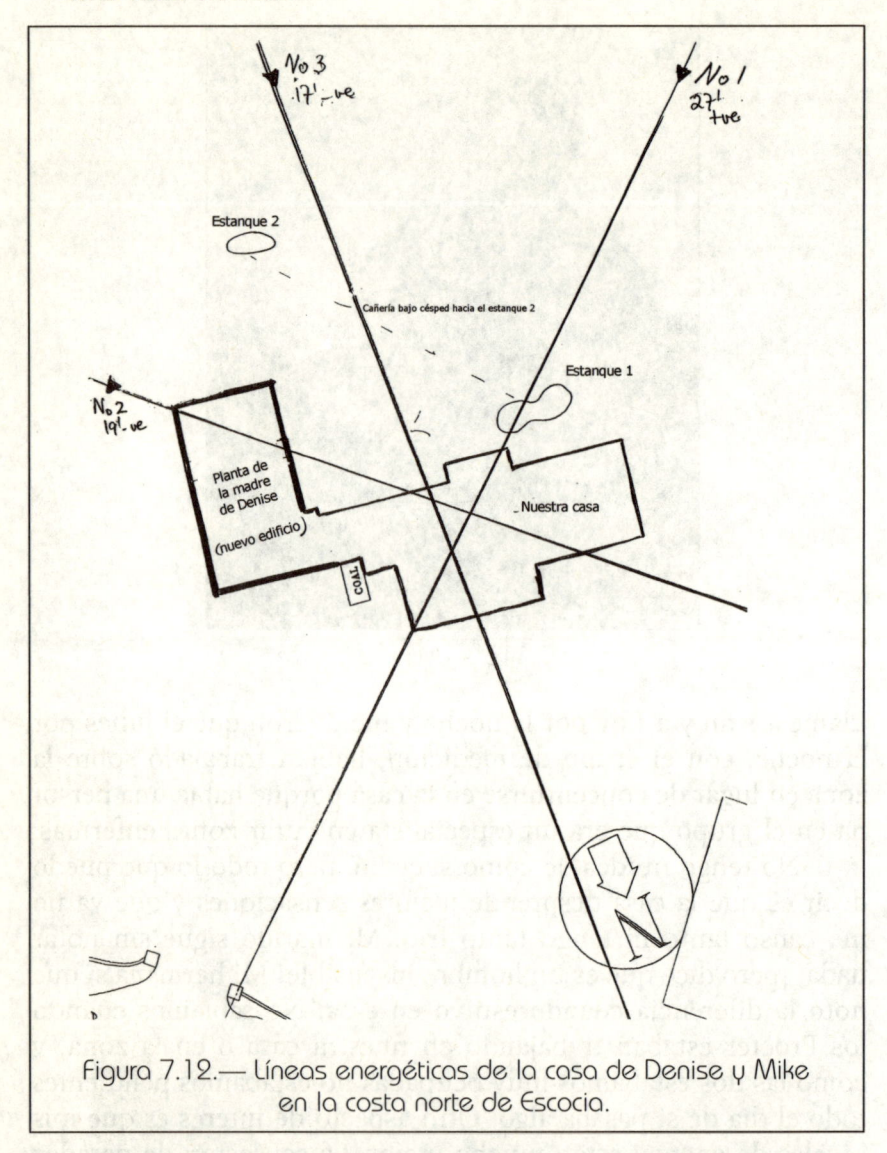

Figura 7.12.— Líneas energéticas de la casa de Denise y Mike en la costa norte de Escocia.

nos aún tenemos que descubrir mucho sobre nosotros mismos y sobre el mundo en el que vivimos. Como trabajo en el campo de la medicina alternativa (nutrición y magnetoterapia) no creo que los cambios que he sufrido se deban a cambios de salud. En general es buena, pero el frío y el cansancio sólo eran evidentes en determinadas zonas de la casa. Por supuesto, todavía hay días que tengo frío o que estoy cansada, pero ya no siento aquella sensación de pesadez cuando me siento en una silla que está junto a la ventana del lado sur en el salón, o en el sofá que está en el lado norte. La casa siempre está llena de luz porque hay muchas ventanas, pero ahora siento que hay una calidad diferente en este lugar. El mejor modo de describirlo es decir que es como si nos hubieran quitado un peso de encima. De algún modo era una casa enferma y les agradezco mucho a Ann, Roy y a su grupo de curación que la curaran.»

Angela de Somerset

«Había acudido a Ann Procter para que me asesorara después de haber pasado por unas sesiones de quimioterapia que me habían dejado agotado y casi enferma. Me sorprendió bastante recibir su respuesta poco después de la primera consulta: me dijo que mi casa no estaba en forma y que había una presencia que se veía afectada negativamente por un objeto de la casa, pero que podía solucionarse con curación si me parecía bien.

»Me había trasladado desde Londres a esta casa hacía tres años, y a pesar de que sabía que había tomado la decisión correcta, que la casa era perfecta y que era lo que siempre había querido, nunca me había acabado de sentir cómoda del todo. Siempre me estaba preguntando si mudarme aquí había sido una decisión

Figura 7.13.— La casa de Angela.

•• Curar casas enfermas

acertada, y por mucho que intentara convertirla en mi casa siempre notaba que le faltaba algo. Sobre todo, sentía que la cocina no me acogía demasiado bien. Por lo tanto, creí que curar la casa podía ser bueno, en especial si se ocupaban del objeto.

»Después de presentar un plano de la casa, me sorprendió la magnitud y el tamaño de las líneas negativas que cruzaban la casa. ¡Obviamente mi casa debía de estar bastante enferma!

»Se llevó a cabo la curación, sin que yo supiera cuándo se iba a realizar, y unos cuatro días después empecé a sentirme mucho mejor en toda la casa en general. Después de otra sesión con Roy y Ann, dimos con el objeto indeseable y como resultado de toda esta actividad la casa es mucho más acogedora y ahora ya me siento muy cómoda en ella.

»Es muy difícil ser positivo con algo tan impreciso como pueden ser las sensaciones respecto a la casa de alguien, pero estoy convencida de que la curación ha contribuido en gran medida a la recuperación de mi espíritu y mi energía durante los dos últimos meses.»

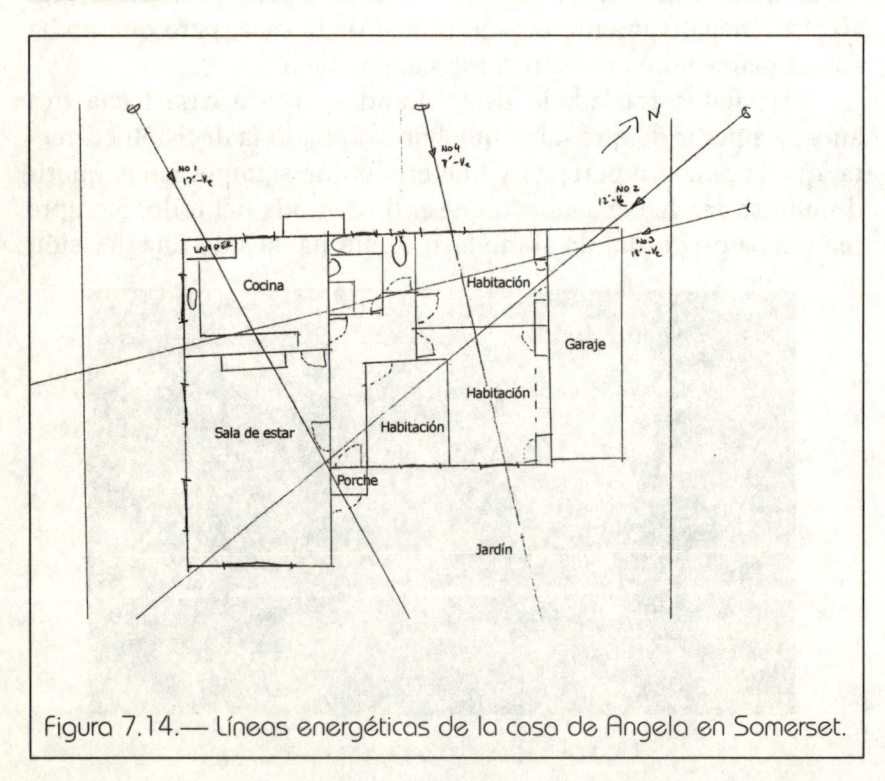

Figura 7.14.— Líneas energéticas de la casa de Angela en Somerset.

S.T. en Londres NW6

«Soy doctora de medicina alternativa (la mayor parte del tiempo trabajo en casa) y utilizo la habitación libre de casa como espacio de terapia. A pesar de tener el piso diseñado siguiendo la filosofía Feng Shui por un profesional muy conocido y con mucha experiencia, seguía estando preocupada porque, a pesar de todos mis esfuerzos por aumentar mi lista de clientes, ésta seguía siendo reducida e irregular y por qué, a consecuencia de esto, mi situación económica era cada vez más preocupante. Además, sentía que tenía pocas energías y había desarrollado una especie de alergia al polen, los gatos y el polvo doméstico que me daba, de vez en cuando, unos problemas respiratorios bastante graves.

»En el verano de 1999 acudí a un taller de los Procter y me interesó mucho descubrir que Roy y Ann habían medido todas las casas de los participantes en busca de energías negativas. Me quedé consternada cuando me dijeron que en mi casa había varias. Inmediatamente pensé que quizás aquello podía explicar mis problemas y sin dudarlo dos veces les pedí que curaran mi casa. Les envié el plano del piso y del jardín que me pidieron, así como una nota diciendo que a George, uno de mis gatos, le encantaba sentarse en un lugar determinado junto a la pared del jardín. Resultó una información relevante porque por ahí era por donde entraba una de las líneas en casa. No me sorprendió demasiado saber que había otras dos líneas que cruzaban por mi espacio de terapia.

»No sabía cuándo se iba a realizar la curación pero noté un cambio increíble en mi vida un día un poco después. Empecé a recibir llamadas de clientes que querían pedir hora, desapareció la sensación de pesadez y el gato empezó a sentarse en otro lugar del jardín. Un par de días más tarde, recibí una carta de Ann en la que me informaba que ya habían realizado la curación. Inmediatamente los llamé para comunicarles los cambios y para saber exactamente cuándo la habían llevado a cabo. Resultó que lo habían hecho el día anterior a notar los cambios. ¡Realmente muy interesante!

»Por desgracia, el crecimiento del negocio no fue continuado de modo que es obvio que se debe a otros factores (aunque estoy

•• Curar casas enfermas

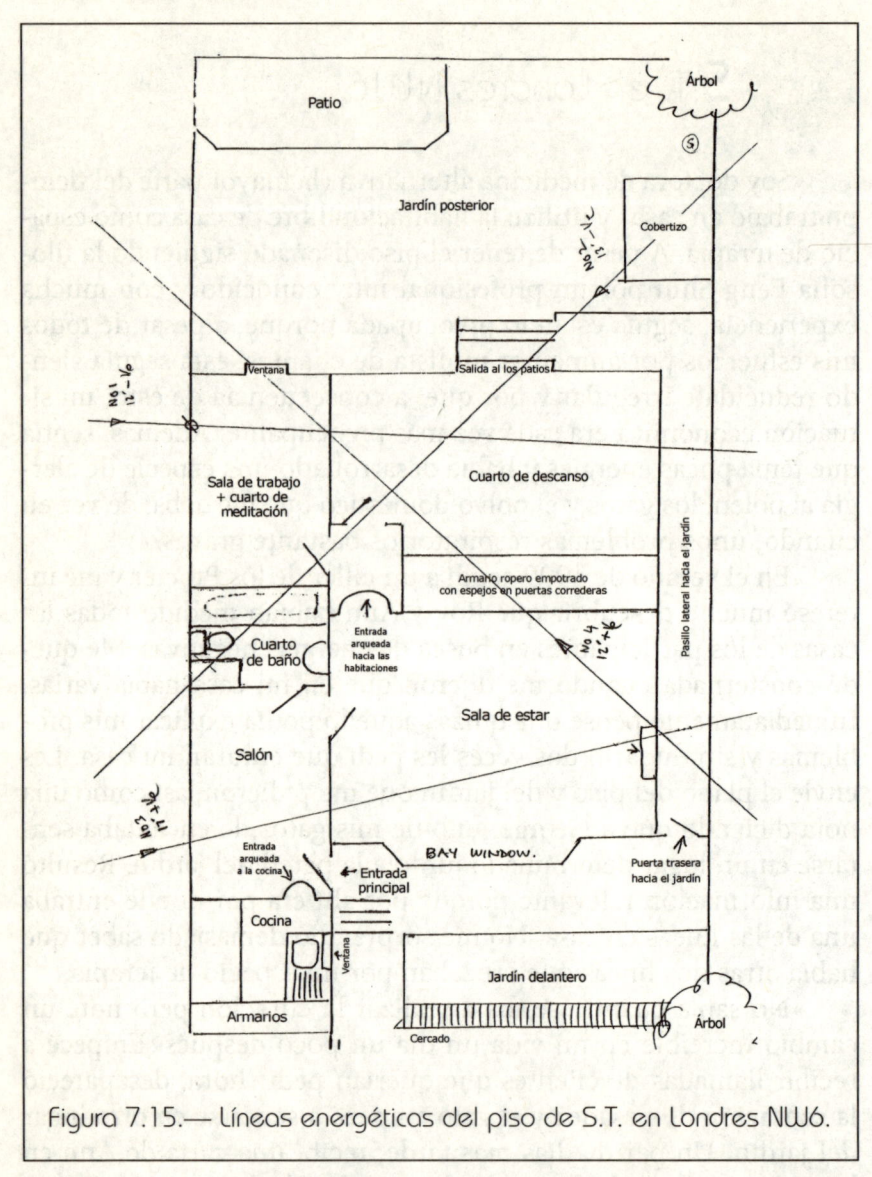

Figura 7.15.— Líneas energéticas del piso de S.T. en Londres NW6.

convencida que las energías negativas no ayudaban en nada), de modo que mi situación económica sigue siendo delicada. Últimamente (los tres meses posteriores a la curación), mi salud ha mejorado y ya no sufro tantos ataques de asma, que es algo muy positivo. El gato todavía se sienta en su antiguo lugar favorito a veces, pero parece que está probando otras ubicaciones.

Historias personales ••

El gato de S.T. se sienta en otro lugar.

»Aunque no experimenté un giro radical en mi situación, estoy convencida de que la curación me ha aportado cambios positivos y beneficiosos y estoy encantada de haberlo hecho. He recomendado a mis clientes y amigos que acudan a Ann y a Roy y no dudaré en seguir haciéndolo.»

Margaret de Gloucestershire

«Había vivido muy cómoda durante muchos años en mi casa de los años 60 cuando, de manera progresiva, comencé a percibir que algo no estaba bien. Cada vez estaba más cansada, deprimida, incapaz de conciliar el sueño y empecé a sentir la necesidad de salir de casa, incluso consideré la opción de mudarme de casa.

»Siempre disfrutaba mucho de las vacaciones, pero al volver a casa la tranquilidad que sentía fuera desaparecía. No estaba enferma (fui al médico para asegurarme), pero me seguía sintiendo apagada, exhausta y con poca energía.

•• Curar casas enfermas

Figura 7.16.— La casa de Maragaret en Gloucestershire.

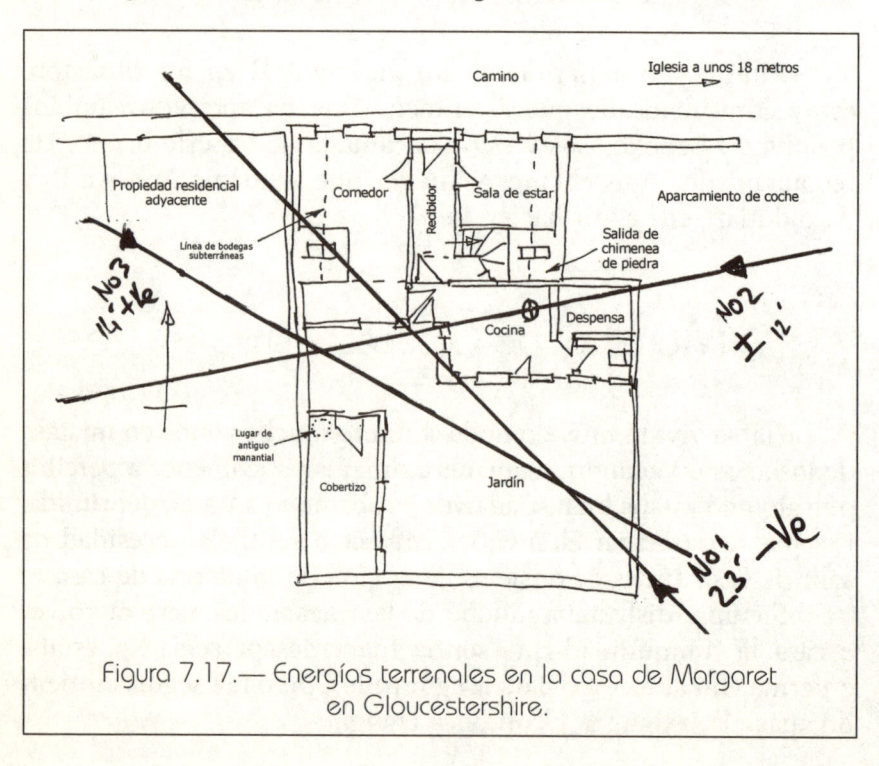

Figura 7.17.— Energías terrenales en la casa de Margaret en Gloucestershire.

»En un esfuerzo por mejorar mi salud acudí a la consulta de un kinesiólogo para que me aconsejara y me recetara unos complementos alimenticios. Después de varios meses de tratamiento, el kinesólogo me sugirió que quizás la casa me estaba produciendo esa sensación de pesadez y que, si era así, la razón podría ser la tensión geopática. Me recomendó que hablara con Ann y Roy Procter y les pidiera ayuda.

»Lo hice y, después de alguna medición a distancia desde su casa de las energías terrenales de mi casa, descubrieron que de las tres líneas energéticas que cruzaban la casa, dos eran negativas. Les pedí a Ann y a Roy que las curaran y al cabo de un tiempo me comunicaron que todas las líneas eran positivas.

»No supe exactamente cuando se realizó la curación, pero antes de recibir la carta de confirmación de Ann y Roy ya había notado un cambio. Ya no tuve más noches de sueño interrumpido, sino que dormía profundamente y aquello me ayudó a estar más contenta. No perdí la sensación de pesadez inmediatamente, pero a lo largo de los siguientes meses no me cansaba tanto y tuve las ideas más claras sobre lo que tenía que hacer para seguir adelante.

»De forma gradual, estoy recuperando la energía y con ella el optimismo y el bienestar. Lo más gratificante de todo es la atmósfera armoniosa y relajada que ahora disfrutamos en casa.»

Fion de Northampton

«No tengo ninguna duda de que mi hijo y yo estamos experimentando cambios para mejor. Los dos estamos más relajados en casa, estamos menos nerviosos y disfrutamos más. Es una alegría mirar a los ojos de mi hijo pequeño y observar que aquella tensión que siempre habían reflejado ya no está. Ayer empezó a decir que será un espíritu estelar cuando muera y que quiere viajar por el espacio antes de volver a nacer. Esta noche me ha dicho que lo maravilloso de tener su propio ángel de la guarda es que siempre estará con él. Ya hace bastante que no decía esas cosas (sólo tiene cinco años) y me encanta volver a escucharlo.

»Estaba muy interesada (y tranquila) en lo que escribisteis sobre lo del guardián. Por lo que sé de la historia local, en esta

•• Curar casas enfermas

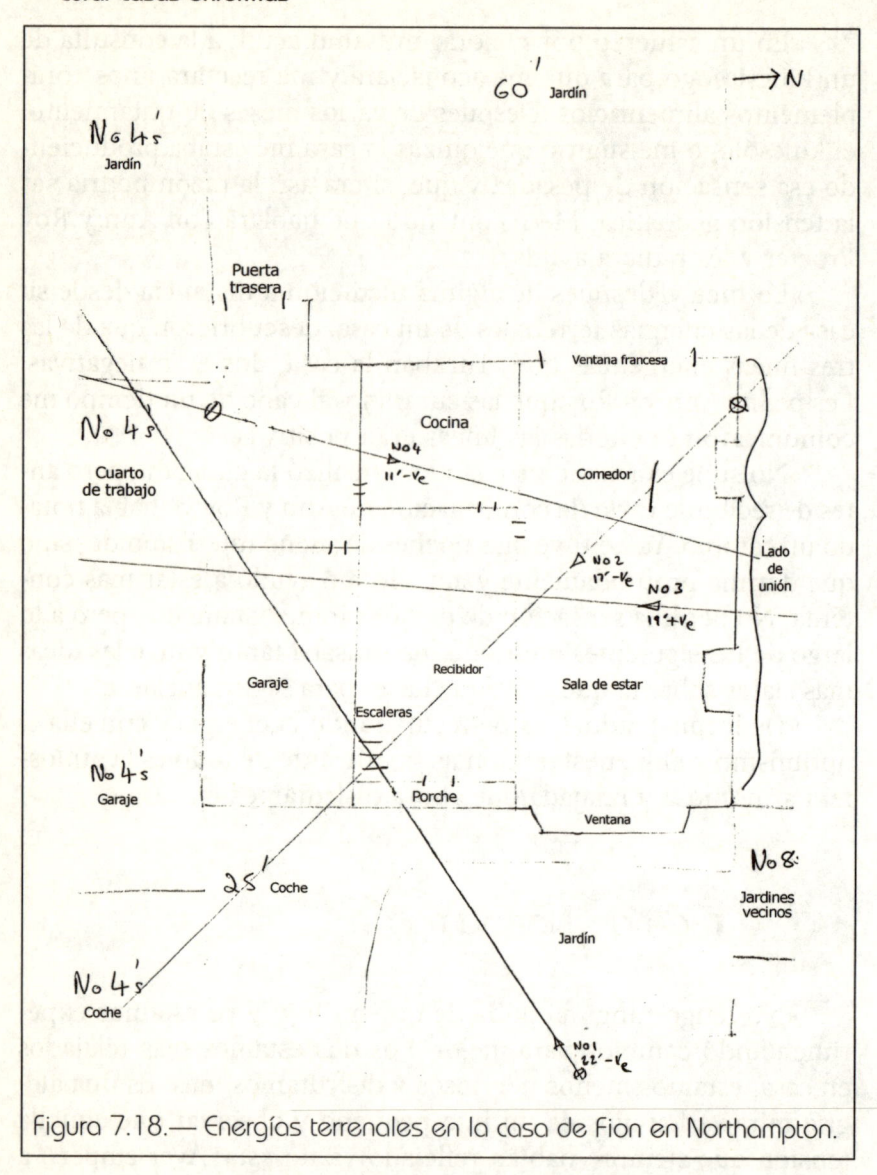

Figura 7.18.— Energías terrenales en la casa de Fion en Northampton.

zona debieron de construir una vivienda hacia el año 1600 o antes.

»Ayer por la noche realicé una pequeña ceremonia: encendí una vela, honré al guardián, le pedí perdón por la intrusión y le garanticé que aquí podría disfrutar de un espacio propio en el que sería bienvenido. Lo que vi y sentí fue una madriguera de tejones y luego los cuerpos de dos tejones, juntos, enterrados en la madriguera.

»A cada lado de la chimenea tengo dos pequeños huecos y he puesto una pequeña piedra negra en uno y otra blanca en otro para darles la bienvenida. Funciona y me siento muy honrada de tener una presencia de guardián en mi casa y en mi corazón.»

Capítulo 8

¿Qué puedes hacer tú?

Continuamente, todos hacemos lo que podemos para diseñar e influir en la atmósfera de nuestra casa u otros sitios donde pasamos algún tiempo. Este hecho es mucho más importante para unas personas que para otras. ¿Eres feliz viviendo en una pocilga que no pasaría las inspecciones de sanidad o, para sentirte cómodo, necesitas que todo esté limpio y ordenado? Cuando vas a casa de alguien, sobre todo si estás buscando piso y te imaginas viviendo allí, ¿te fijas en la forma de las habitaciones, los colores, las vistas y la orientación (por dónde saldrá el sol)? ¿Se te despierta algún *sentimiento* hacia ese lugar? En varias ocasiones nos han pedido que midiéramos, y posteriormente curáramos, una casa que estaba en venta y que tenía muchas visitas pero ninguna oferta de compra. ¿A las visitas simplemente no les gustaba la distribución de las habitaciones y el estado de los ladrillos de la fachada o, inconscientemente, sentían que en ese lugar algo no iba bien? Jamás ofrecemos ningún tipo de garantías, pero la experiencia nos dice que los compradores potenciales se sienten más a gusto en una casa con energías terrenales positivas. Una vez, un comprador dio la paga y señal de una casa el día después de haberla curado: ¡había estado a la venta un año!

¿Puedes *curar* tú mismo tu propia casa? Hasta cierto punto, sí, pero si hay energías terrenales negativas, probablemente no podrás. Para llevar a cabo la parte del diagnóstico por medición sería necesario un alto nivel de concentración y objetividad: es muy posible que estés demasiado implicado en lo que vas a buscar como para encontrar respuestas verdaderamente intuitivas a tus preguntas, dado que los niveles emocional e instintivo estarán muy alerta, preocupados por el estado de tu hogar. En las pocas ocasiones que hemos estado preocupados por el estado de las líneas energéticas de nuestra casa, hemos creído que lo más prudente era pedir a un colega que midiera el lugar y, si era preciso, que lo curara por nosotros.

Efectos humanos

A continuación presentamos algunas razones que pueden causar que las líneas energéticas se vuelvan negativas. Nos hemos dado cuenta de que si sucede algo especialmente grave encima de una línea energética, sobre todo en el centro, se invierte la polaridad a partir de ese punto, dependiendo del sentido del flujo. ¡Así que ve a pelearte a otro lado! Se ha comprobado que la inversión sucede donde alguien ha muerto o ha recibido malas noticias; al parecer, es la magnitud de la experiencia emocional lo que provoca el efecto. Tuvimos un ejemplo muy claro de esto recientemente, cuando una clienta nos dijo que se había quedado consternada al enterarse que iban a construir una casa junto a la suya y que le taparía la preciosa vista que tenía desde el fregadero de la cocina: cada vez que se quedaba allí de pie se ponía muy triste y aquel punto se había vuelto negativo. Los grandes terremotos están fuera del control de cualquiera, pero la gente que nota las excavaciones cerca de su casa a menudo nos piden que verifiquemos si las líneas siguen siendo positivas. Es bien cierto que vale la pena verificarlo si construyen casas en los alrededores de la tuya, ya que eso implica excavaciones profundas para levantar los cimientos.

Feng Shui

Las interacciones entre los humanos y los reinos animal y vegetal y en un ambiente sutil son conocidas desde la antigüedad. Quizás el sistema más conocido es el Feng Shui, una disciplina que manipula el ambiente sutil y que procede de la antigua China. Tal y como se practica en Occidente, parece que el Feng Shui se centre básicamente en el interior de los edificios y en la colocación de los muebles y la elección de los colores. Sin ninguna duda, la eficacia o no eficacia de este sistema depende de quien lo pone en práctica y del poder de intención en y sobre el asesoramiento práctico. Nuestra opinión es que el Feng Shui aplicado a un interior puede ser beneficioso, pero que no es la solución final. Creemos que las energías terrenales subyacentes también tienen que estar en armonía y, a menudo, esto se consigue cuando las materias externas del edificio están en orden. En realidad, algunos expertos en Feng Shui coinciden con nosotros en este aspecto después de haber asistido a nuestros cursos para complementar sus conocimientos y habilidades para trabajar con las energías terrestres. Algunos incluso nos envían a sus clientes para que hagamos un trabajo de curación antes de hacer ellos el suyo.

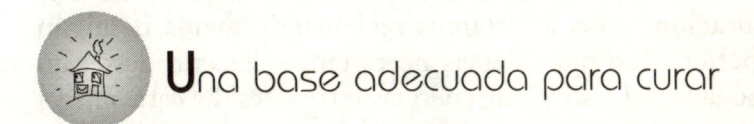

Una base adecuada para curar

Si realizas cualquier trabajo de curación es muy importante tener un lugar adecuado para hacerlo. Nosotros creemos que las calidades del lugar desde el cual se realiza la curación son muy importantes para obtener buenos resultados. Normalmente, trabajamos en el estudio/sala de consultas de Ann, donde reina una atmósfera muy beneficiosa para las líneas energéticas terrenales que cruzan la casa y el terreno.

Hace un par de años aprendimos una interesante lección sobre este tema. A consecuencia de la publicación de uno de nuestros artículos, recibimos muchas demandas. Aunque intentamos acabar el trabajo antes de irnos de vacaciones a Escocia, llegó el día de emprender el viaje y todavía teníamos algunos casos pendientes. Así que, como nos íbamos a un lugar precioso en la Isla de Mull con la caravana, decidimos llevarnos los documentos y realizar el trabajo de curación como parte de una de nuestras meditaciones matinales.

Después de dos días de largo viaje con la caravana, llegamos al lugar de acampada casi por la noche, colocamos las cosas en su sitio, nos hicimos la cena y nos fuimos a dormir. Ann no durmió demasiado bien. A la mañana siguiente preguntó si habíamos aparcado la caravana en el sitio correcto. Normalmente medimos las cualidades de las energías terrenales antes de instalarnos por completo. Como la noche anterior habíamos llegado muy tarde y muy cansados, no lo habíamos hecho. Por la mañana descubrimos que había un pequeño punto negativo debajo de la caravana, justo debajo del lado de la cama donde dormía Ann. Huelga decir que movimos la caravana unos metros hasta un espacio limpio antes de colocar el toldo e instalarnos definitivamente. Dormimos perfectamente el resto de las vacaciones.

Un día o dos más tarde, cuando ya nos habíamos recuperado completamente del viaje, decidimos ocuparnos de algún trabajo de curación. Al poco tiempo de empezar con las preguntas habituales decidimos que no era conveniente continuar. Al parecer no estábamos en el lugar adecuado para realizar ese trabajo. Aquello vino a confirmar nuestra creencia de que cuando se realiza este tipo de curación, no sólo estamos reclamando ayuda de algún poder superior, sino que además necesitamos hacerlo desde un punto adecuado del sistema de energías terrenales. La caravana ya no estaba en mal lugar. Lo que sucedía es que no estaba en un lugar suficientemente bueno para ese trabajo. Así, creemos que cualquier tipo de terapeuta, sobre todo los alternativos que trabajan principalmente en un punto intuitivo moviendo energías, deberían analizar las cualidades de las energías terrenales de su lugar de trabajo.

Una observación para los terapeutas curadores

Hemos reconocido que es muy fácil que la actividad curadora deje algunos residuos por allí donde pasa, en detrimento del ambiente sutil del lugar donde se realizó la curación. Este descubrimiento lo hicimos cuando participamos en una reunión que duró una semana en Iona, donde trabajamos con doctores y curadores en el complejo Abbey. Uno de los participantes, al que conocíamos de la época en que todos fuimos discípulos de Bruce McManaway, nos dijo que había curado una corriente negra (su término para referirse a una línea energética terrenal negativa) en la Iglesia de Abbey y que quería que lo ayudáramos a curarla.

Nosotros le dijimos que no haríamos nada sin el consentimiento de la comunidad de Iona, que se encarga de gestionar el recinto, y que de todos modos era muy probable que hubiera motivos para que tal fenómeno se diera en un lugar como ese; así que le recomendamos que esperara y observara. De este modo, durante la curación de la noche, Ann se dio cuenta de que cuando la gente recibía la curación y se sentía mejor, dejaban allí parte de sus problemas y que todo ese material negativo se acumulaba en la corriente negra que nuestro amigo había encontrado. Era como si necesitara un desagüe para guiarlo hasta la tierra, dejando la iglesia limpia y luminosa. Cuando había más luz, se tenía que hacer algo para dejar que la oscuridad se fuera. Como en casa no teníamos ningún desagüe sutil preparado en la sala de curación, improvisamos uno colocando en el alféizar de la ventana un bol con agua, y lo vaciábamos en un punto negativo del jardín después de cada sesión.

Más tarde vimos que rara vez nos afectaban los problemas y miserias de nuestros clientes, tanto si nos habían pedido una curación para ellos o para su casa, o por el trabajo de psicoterapeuta y consejera de Ann. Desde entonces recomendamos a cualquier centro donde se lleve a cabo un trabajo de curación, a cualquier nivel, incluyendo en las salas de consulta de los médicos, que tengan un sistema de recogida de algún tipo. No importa el método que se utilice, lo que hace que funcione es la intención que pone el curador, porque hemos oído hablar de otros rituales que también funcionan igual de bien. Hemos recibido un gran número de respuestas acerca de la eficacia de este sistema, especialmente desde el Centro de Ayuda contra el Cáncer de Bristol, donde Ann trabajó durante siete años. Ellos no sabían que habíamos colocado un cubo de agua en el sótano para recoger la energía negativa, pero notaron un cambio en la atmósfera. Antes de colocar el cubo alguien había dicho que se sentía como si «los desagües físicos no funcionaran». Un día, un curador que estaba meditando en el santuario (donde se ofrece una gran cantidad de trabajo de curación espiritual), dijo que la habitación era «más oscura que la noche»: descubrimos que los reparadores de la calefacción habían retirado el cubo cuando fueron a arreglar la caldera. Antes de empezar este ritual, era difícil mantener las líneas energéticas terrenales de este gran edificio siempre positivas; al parecer los restos de tanta actividad curativa saturaban las energías terrenales hasta tal punto que, al cabo de un tiempo, se volvían negativas. Esto no volvió a suceder después de colocar y mantener el ritual del cubo de agua porque entonces ya había un canal de recogida adecuado.

Efectos eléctricos y electromagnéticos

Cuando medimos en busca de aspectos sutiles en el ambiente para la gente (véase Capítulo 4 y Apéndice 2), a menudo descubrimos que las personas se ven afectadas, por ejemplo, por la electricidad doméstica. Nos enteramos de esto cuando una colega estuvo gravemente afectada, no podía trabajar y tenía dificultades para cuidar de su hijo pequeño. Su marido, científico, se inventó todo tipo de experimentos para intentar aliviarle el sufrimiento. Taparon todos los enchufes con una lámina de metal, y durante una época esta señora llevó, tanto si llovía como si brillaba el sol, un sombrero de paja forrado de metal. Más tarde descubrieron que si colocaban un *cluster crystal* en la caja de los fusibles, o en cualquier lugar por donde los cables eléctricos entren en la casa, los efectos negativos desaparecían. Así que cuando nos encontramos a un cliente con este problema, le sugerimos esta solución. Un arquitecto nos comentó un día que en Inglaterra normalmente los circuitos eléctricos están colocado en forma de círculo, de modo que la corriente eléctrica te rodea en cada habitación. También nos dijo que en Alemania esto está prohibido: todos los puntos de suministro eléctrico tienen forma de espuela, de modo que no te rodean.

Un *cluster crystal* es un trozo de cristal natural (sin óxido de plomo) con muchos ángulos, no un rectángulo liso. Con uno bastante pequeño, de unos siete centímetros (o, mediante medición, adivinar el tamaño o escoger uno de la tienda), habrá suficiente. Normalmente, las amatistas son más baratas por su tamaño, pero no importa qué tipo de cristal sea, siempre que tenga mucha superficie. Alan Hall, de cuyo trabajo hablamos en el Capítulo 1, nos explicó por qué debe ser así: los cristales naturales están recubiertos por una fina capa de agua, del ancho de una molécula. Este agua atrae las vibraciones eléctricas y electromagnéticas que

¿Qué puedes hacer tú? ••

son perjudiciales para algunas personas. Así que nuestro consejo es limpiar regularmente los cristales que están colocados en lugares determinados para este propósito: una corriente de agua subterránea a menudo es suficiente, pero a veces también ayudaría un manantial limpio de los cuatro elementos. Cuando nos vamos de vacaciones, dejamos los nuestros en el jardín para que estén en contacto con la tierra (sobre la que descansan), el fuego (del Sol), el aire (que sopla) y el agua (cuando llueve).

En ocasiones rastreamos los efectos de las microondas que llegan hasta las casas desde las antenas parabólicas y las antenas normales, que ahora tanto proliferan a nuestro alrededor. Algunas personas necesitan protegerse de las emanaciones de microondas y tubos de rayos catódicos en casa. Si, mediante medición, observamos que el agotamiento de los clientes se debe a este motivo, les sugerimos que coloquen cristales encima o, en su defecto, lo más cerca posible de los televisores y las pantallas de los ordenadores basándonos en los mismos argumentos que con los efectos eléctricos que hemos mencionado antes. En los casos de los efectos de las antenas, sugerimos colocar un cristal en el punto por donde las microondas entran en casa: localizamos este punto por medición, y a menudo lo hacemos con mucha precisión. Cuando nos referimos a las microondas, muchas veces la gente cree que hablamos de hornos, pero normalmente los efectos están en la comida que se cuece en ellos, no en sus alrededores más inmediatos.

Así que, si sientes que los factores eléctricos o electromagnéticos pueden ser la causa de tu estado de agotamiento, valdría la pena que probaras estos métodos, incluso si nadie te lo ha diagnosticado mediante medición. Los pequeños cristales que recomendamos no son caros y como decoración quedan bien.

Te habrás dado cuenta que en nuestro cuestionario (*véase* Apéndice 2) incluimos la polución aerotransportada; lo incluimos porque una persona nos comunicó que el origen de su enfermedad era un escape de gas, y nosotros no lo habíamos detectado. Esta es una de las desventajas de no visitar las casas, porque Ann lo hubiera percibido físicamente: su capacidad pulmonar está reducida a la mitad, y la polución la afecta igual que a un canario meterse en una mina de carbón (por si no os suena, es una historia verdadera que si los mineros sospechaban que podían encontrarse con aire viciado, se llevaban un canario a la mina. Si era cierto lo del aire, el canario enfermaba rápidamente). En un par de ocasiones hemos descubierto algún problema con gas radón, y hemos podido avisar al cliente para que tome las medidas oportunas y solucione el problema.

Una lección de medición

Después de haberos sugerido que no intentéis diagnosticar las energías terrenales de vuestra casa, no nos gustaría desanimaros a la hora de medir por vuestra cuenta. Os gustará seguir esta breve lección de medición, así podréis experimentar vuestras habilidades de un modo general. Debemos decir que es muy difícil adquirir tal habilidad solamente leyendo esto, en realidad se necesita mucha práctica y la ayuda de alguien más experimentado en la medición.

En nuestros cursos, al principio introducimos a los estudiantes en la medición con el péndulo. Lo hacemos así porque es la herramienta más versátil y permite que el alumno entienda las bases de la medición. El péndulo que recomendamos para los principiantes es un ligero cono de plástico. La ligereza implica que responde más deprisa, de modo que los progresos son mayores. También es importante la longitud de la cuerda, ya que tiene que ver con el peso: poco peso, cuerda corta; mucho peso, cuerda más larga. El péndulo de plástico que nosotros utilizamos pesa unos cuatro o cinco gramos y la cuerda mide ocho centímetros hasta el nudo. Si agarramos la cuerda por el nudo, la longitud de cuerda que se usa es siempre la misma de modo que uno se acostumbra a las características particulares de ésta. Cualquier variación se notará mucho. Cuando se practica la medición, un mínimo cambio en una respuesta puede llegar a comportar una pista clave.

Prueba a sentarte tranquilamente con las manos enfrente de ti, una palma contra la otra y, despacio, sepáralas y júntalas; mientras lo haces, si quieres, puedes cerrar los ojos. Algunas personas sienten una pequeña fuerza entre las manos. Puede tratarse de una atracción magnética o una resistencia. Algunos describen la experiencia como si estuvieran apretando un balón de playa. La existencia de una sensación, que es muy sutil, indica que hay una diferencia entre las dos partes del cuerpo, una polaridad. Cuando se mide con un péndulo, el medidor debe ser consciente de esto.

Existen dos escuelas de pensamiento a la hora de interpretar las respuestas del péndulo. Una opina que tal y tal movimiento significan *sí* y tal otro significa *no*. Nosotros preferimos que la propia gente descubra las respuestas, ya que los individuos son muy distintos entre sí. Para hacerlo, sigue el procedimiento que relatamos a continuación.

Siéntate cómodamente en una posición derecha. Sostén el péndulo con la mano con la que escribes (como normalmente es la derecha, así lo asumiremos durante esta lección; si eres zurdo, sigue las instrucciones con la mano contraria). Deberías coger la cuerda suavemente entre los dedos pulgar e índice, mirando hacia abajo, y con la muñeca relajada. Sin cruzar las piernas ni los brazos, haz oscilar el péndulo por encima de la rodilla derecha. Empieza a moverlo hacia delante y hacia atrás, luego observa el comportamiento de la cuerda y cualquier pauta. Luego, sin mover ninguna otra parte del cuerpo, mueve la mano derecha con el péndulo encima de la rodilla izquierda, empieza a moverlo y observa si aparece cualquier pauta. Puede que la rotación vaya en un sentido en una rodilla y en sentido contrario en la otra. Sin embargo, no siempre es así. En el caso de Roy, el movimiento encima de la rodilla derecha va hacia delante y hacia a tras y encima de la rodilla izquierda, va de lado a lado.

Cuando midas, mantén *siempre* la misma posición de la mano en la misma parte del cuerpo. La pauta que observes en la rodilla derecha será tu respuesta afirmativa y la pauta de la rodilla izquierda será tu respuesta negativa. Sin embargo, cuando hagas preguntas, acuérdate de mantener la mano que mide en la misma posición todo el tiempo, si no puede haber cambios en las respuestas y puedes confundirte por completo.

Otro modo de encontrar tus propias respuestas es manteniendo la mano encima de la rodilla derecha todo el tiempo. Inicia un movimiento con el péndulo para que coja impulso y pregunta algo, en voz alta si quieres, cuya respuesta sea afirmativa. Detén el movimiento dejando que el péndulo repose un mo-

•• Curar casas enfermas

El modo correcto de sostener un péndulo: sujetándolo suavemente entre el pulgar y el índice con la mano y la muñeca lo más relajadas posible.

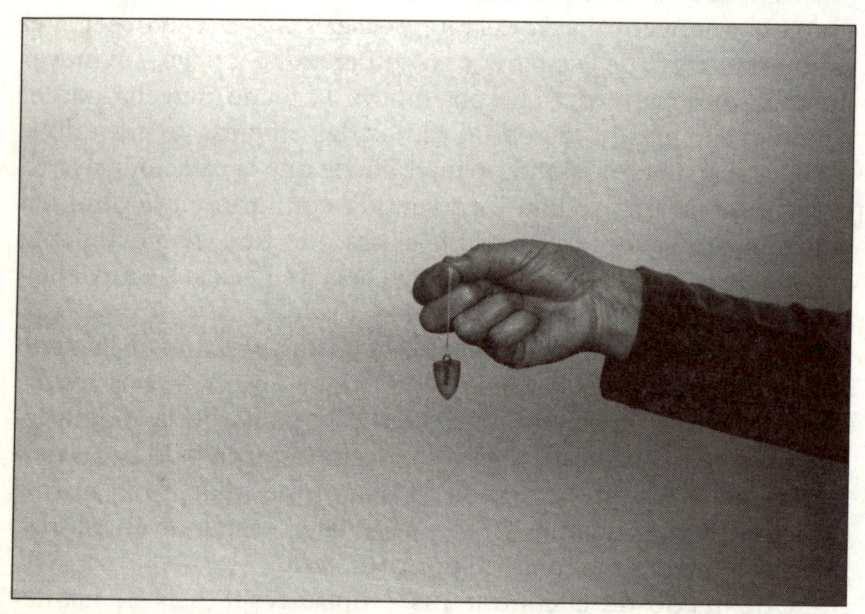

Si lo sujetamos así, la mano y los músculos se tensan más, y los dedos que tienen que sostener el péndulo tienen menos libertad.

Figura 8.1.— El péndulo y cómo usarlo.

¿Qué puedes hacer tú?

mento sobre la rodilla, luego levántalo, vuélvelo a mover y pregunta algo cuya respuesta sea negativa. Al principio, puede que las respuestas no sean demasiado perceptibles, pero con la práctica se harán más evidentes.

Ahora, dando por supuesto que ya tienes dos respuestas diferentes, puedes empezar a usar el péndulo. Se hacen las preguntas (mentalmente o en voz alta, si eso ayuda), el péndulo se mueve y se anota la respuesta. El péndulo sólo puede responder sí o no, por lo tanto las preguntas deben evitar cualquier ambigüedad para que la respuesta sea clara.

Antes de empezar una serie de preguntas es importante realizar unas verificaciones:

1. *Verifica tus respuestas.* Pregunta por algo afirmativo y algo negativo. Comprueba que las respuestas son las de costumbre. Las respuestas pueden cambiar y, si no lo has comprobado, te puedes hacer un buen lío. Verifica las respuestas de vez en cuando durante la sesión de medición.
2. *Pregunta: «¿Estoy preparado para medir ahora?».* Si estás muy cansado, has tomado alcohol u otro tipo de droga, estás un poco flojo de salud o demasiado involucrado emocionalmente, puede que no consigas resultados exactos. Si la respuesta a la pregunta es «no», no sigas. No tiene ningún sentido persistir o preguntarte por qué, dado que lo más probable es que sólo obtengas respuestas erróneas. Vuelve a intentarlo más tarde, sobre todo si tienes tiempo para meditar un poco y centrarte en ti mismo.
3. *Pregunta «¿Podemos hablar de...?»* (y el tema que sea). Si la respuesta es «no», no sigas. Puede que no sea un tema adecuado para que midas. Esto sería violar todo el código ético. La medición sólo te permitirá acceder a la información que es conveniente que sepas. Puede que una pregunta sobre ese tema determinado no pueda responderse en aquel momento. Déjalo e inténtalo más tarde.

Debemos darle mucha importancia a la práctica. La seguridad y la exactitud sólo se obtienen con mucha práctica. Una de las dificultades es saber cómo realizar unas prácticas significativas. Intentar medir el palo de una carta elegida al azar posiblemente

•• Curar casas enfermas

no ofrecerá unos resultados esperanzadores. Descubrir el palo de una carta puede considerarse una actividad trivial y, por lo tanto, la medición no funciona demasiado bien. Al parecer, para que sea eficaz, la medición debe aplicarse a algo *real*.

Un ejercicio que nosotros hemos puesto en práctica es que el medidor trabaje con otra persona y le haga preguntas acerca de la puerta de su casa (que el medidor no debe haber visto). Tras las verificaciones preliminares, haces una pregunta como «¿La puerta está pintada?». Si la respuesta es afirmativa, entonces preguntas por el color. «¿Es verde? ¿Es roja? ¿Es azul?». Debes hacer las preguntas en voz alta para que la otra persona sepa lo que has preguntado. Luego explicas la respuesta del péndulo. La otra persona sólo debe decir «correcto» o «incorrecto» pero, en este último caso, no debe decir la respuesta correcta. El objetivo de este ejercicio es que obtengas una reacción inmediata. La otra persona puede ayudar comentando las preguntas. La claridad y la precisión son esenciales. Por ejemplo, las respuestas del péndulo te han dicho que la puerta es de madera, pero que no está pintada; entonces tú llegas a la conclusión que es de madera pura. Puede que esté barnizada o que sea de cristal, pero no lo has preguntado. ¡Has hecho una deducción incorrecta basándote en unos datos insuficientes!

Por supuesto, este juego puede aplicarse a más objetos que las puertas. Cualquier tema del que no sepas nada y que la otra persona conozca servirá. Hemos descubierto que una de las fuentes de equivocaciones más frecuente es que las preguntas no sean claras y/o precisas. Este ejercicio es una gran ayuda para desarrollar la claridad.

La persona que trabaje contigo debe ser bastante crítica al comprobar tu proceso de preguntar. Cuando juegues a este juego, asegúrate de colocarte en la posición de medición correcta. Si la otra persona está sentada a tu izquierda, es muy fácil que te enfrasques en las preguntas y acabes girándote hacia la izquierda para ver de frente a la otra persona. Entonces llega un momento que te das cuenta de que te has movido de modo que la mano derecha (el péndulo) está encima de la rodilla izquierda. El resultado es que tus respuestas han cambiado porque tú estás *cruzado*. ¡Sin ninguna duda la confusión se ha adueñado de la situación!

¿Qué puedes hacer tú? ••

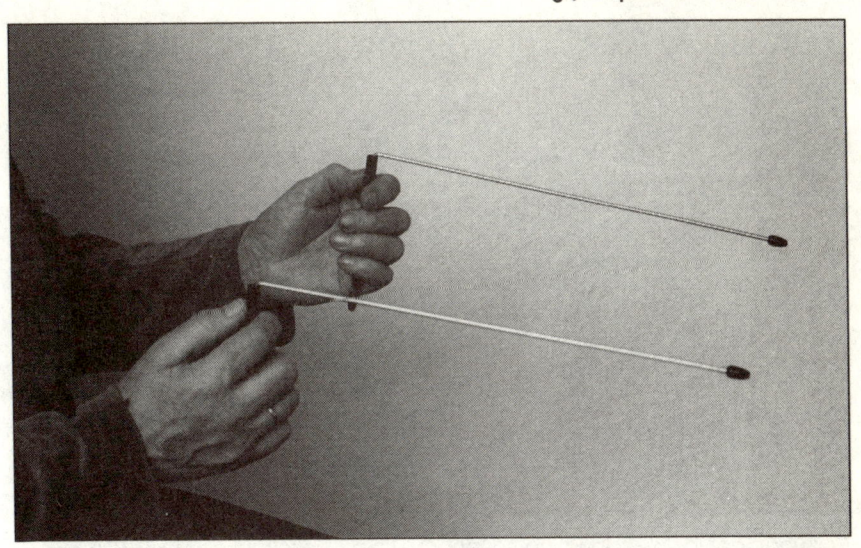

Las varillas deben sujetarse suavemente, permitiéndoles el movimiento, con los extremos ligeramente por debajo de los mangos mientras se trabaja, y separadas por una distancia similar a la de los hombros.

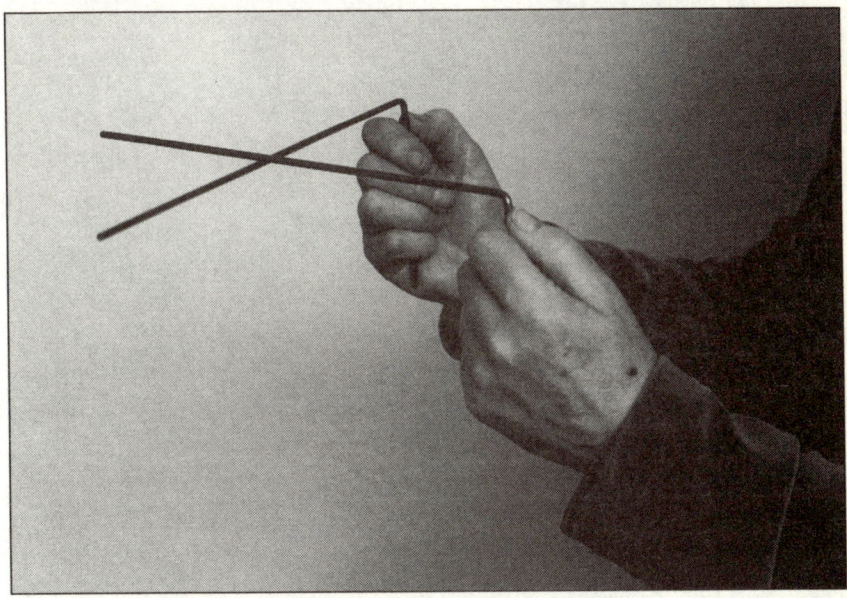

Una reacción de la medición habitual es que las varillas se crucen. En ocasiones puede suceder lo contrario: que se separen la una de la otra.

Figura 8.2.— Varillas angulares y cómo usarlas.

•• Curar casas enfermas

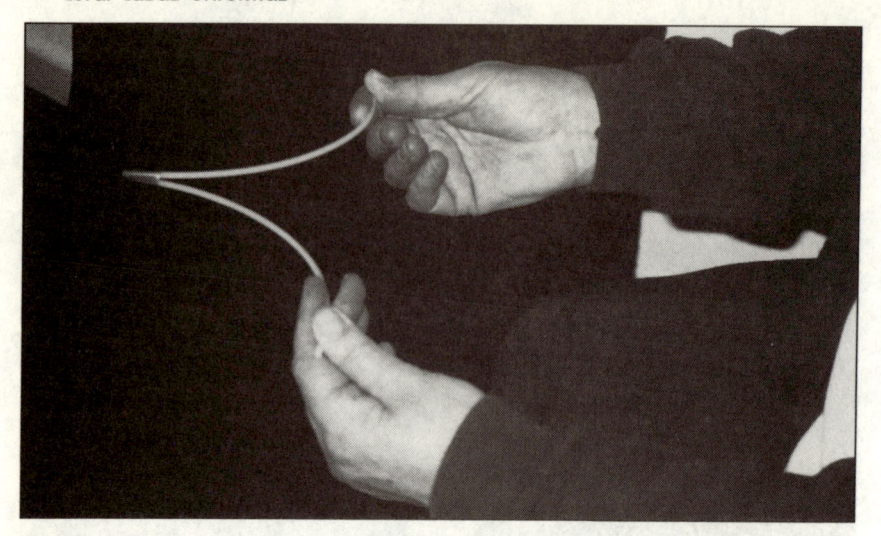

En lugar de la tradicional rama ahorquillada, las varillas en forma de Y modernas están hechas de plástico porque son más elásticas y consistentes. En la imagen se muestra la manera correcta de sujetarlas mientras se trabaja. Las varillas deberán sostener curvadas y en tensión.

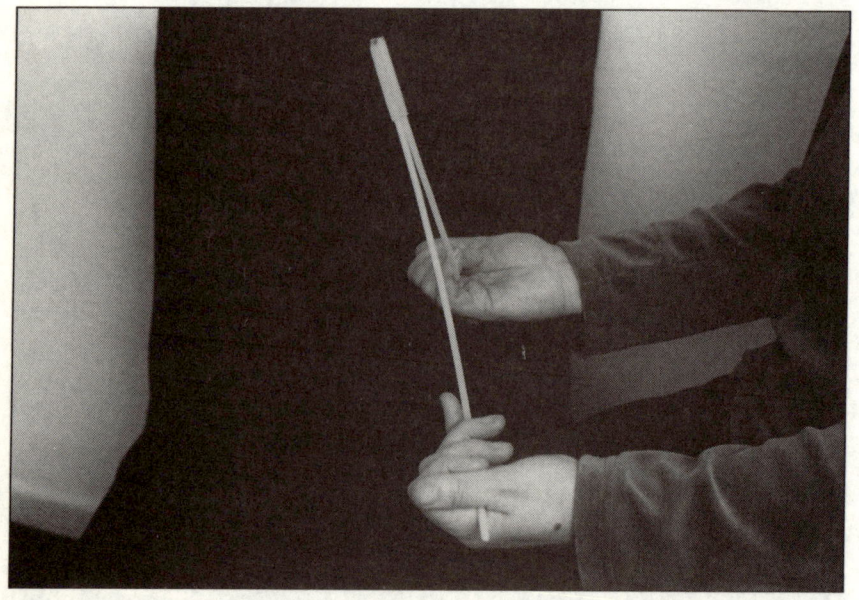

Una reacción de la medición habitual es que la punta vaya hacia abajo, aunque algunas personas se encontrarán que sube hacia arriba. (¡Cuidado con las gafas!)

Figura 8.3 — Varillas en forma de Y y cómo usarlas.

¿Qué puedes hacer tú?

Hasta ahora sólo hemos hablado del péndulo. A algunas personas les cuesta obtener una respuesta con el péndulo. En esos casos vamos fuera y les damos las varillas angulares.

Se sujetan con los extremos más largos hacia fuera, uno en cada mano y separados por una distancia similar a la de los hombros. Las puntas deben estar ligeramente por debajo de los mangos. Deben sujetarse con suavidad para que puedan moverse de lado a lado. Dejamos un trozo de cuerda o algo parecido en medio del jardín y le pedimos a alguien que pase por encima mientras les decimos a las varillas: «Por favor, indicad cuándo cruzo la cuerda». Si todo sale bien las varillas se cruzarán cuando la cruces. Este ejercicio ayuda a sentir una reacción de las varillas al cruzar un punto conocido. Así, el ejercicio puede repetirse, por ejemplo, con una tubería subterránea. La sensación de la reacción puede reconocerse más fácilmente la segunda vez. Se puede probar el mismo experimento con las varillas en forma de Y (*véase* Capítulo 4).

Si tienes los músculos de los hombros relajados hay más posibilidades de que las varillas se muevan, igual que si adoptas una actitud relajada. Hemos comprobado que distraer o hacer reír a la gente a menudo da muy buenos resultados, porque todo es demasiado fácil como para intentarlo con demasiado empeño. Aquellos que no se adaptaron bien al péndulo en un principio suelen obtener buenos resultados con las varillas porque implican tener que moverse físicamente. Una vez han superado esta etapa suelen volver a coger el péndulo con éxito.

Otra herramienta muy popular entre los medidores es el *bobber*. Se trata de una pieza de un material flexible, normalmente alambre, con un mango en un extremo y un pequeño peso en el otro. Se comporta como un péndulo horizontal, dando una señal para el sí y otra para el no.

Casi todo el mundo puede medir. De modo que si te está costando empezar, ¿cuál puede ser el problema?

A menudo los músculos tensos impiden la reacción de la medición porque son algún tipo de pequeño movimiento muscular inconsciente. La herramienta de medición que se use sólo sirve para magnificar esos pequeños e involuntarios movimientos, de modo que son obvios y fáciles de interpretar. Si los músculos importantes ya están en tensión, entonces los pequeños e involuntarios movimientos se encubren y no se obtiene nada. De

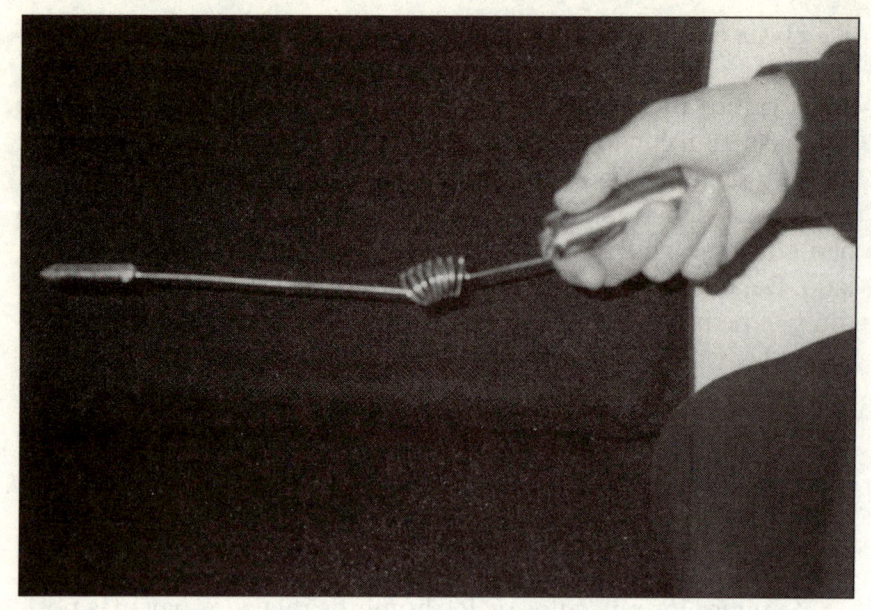

Figura 8.4 — Un *bobber*.

modo que la postura es importante. Siéntate derecho o ponte de pie, con la espalda recta. El brazo que sostiene el péndulo debe estar lo más relajado posible con la parte superior del brazo vertical y el antebrazo horizontal. La muñeca debe estar relajada y el pulgar y el índice deben mirar hacia abajo agarrando bien la cuerda. Comprueba que el brazo está suelto y que el codo no está apoyado en la rodilla o muy pegado al cuerpo. La tensión se hace más evidente cuando se trabaja con varillas; mover los hombros la elimina y permite que las herramientas trabajen.

Algunos medidores creen que el material del que está hecho el péndulo es importante, que debería ser de cristal o de otro material especial. No es así; cualquier objeto que cumpla las características servirá. Un pedazo de cinta aislante en un trozo de algodón o una nuez atada a una cuerda. Lo importante para que el movimiento *sea cómodo* es el peso y la longitud de la cuerda. La precisión de un reloj no se ve afectada por el material de las agujas que marcan las horas. Unos palillos clavados en un eje servirán igual de bien para decir la hora que unas agujas de bronce muy elaboradas. La precisión la da el mecanismo. En la medición, la herramienta es como las agujas del reloj. ¡Tú eres el mecanismo! Sin embargo, si te gusta trabajar con un bonito péndulo de madera pulida, o de lo que sea, está bien.

Pensar que no puedes medir hace que el éxito sea más difícil de alcanzar, seguro. Durante los años 70 fuimos a muchas conferencias y otros eventos con la Wrekin Trust y otras organizaciones. Los dos estábamos intentando saber más acerca de esos procesos sutiles sobre un amplio espectro de objetos. Durante una reunión, un señor mayor le mostró a Roy que podía obtener respuestas sensibles con un péndulo. Ann sí que podía hacerlo, pero Roy creía que los tipos como él no hacían esas cosas, así que se quedó de una pieza cuando vio que le echaban por tierra su deducción previa. Al igual que muchas otras personas, la educación recibida y la sociedad que lo rodeaba lo habían condicionado a creer sólo en los aspectos lógicos y materiales de la vida. A él le pareció que este nuevo atributo por el cual podía acceder a su intuición era muy importante, incluso sagrado, y que no debía abusar de él. Las preguntas que se hacía a sí mismo eran: «¿Por qué se me ha enseñado esto a mí? ¿Qué se supone que debo hacer con esto?». Pasaron cinco años hasta que lo descubrió. Toda la experiencia que fue acumulando cambió por completo su visión de la vida. ¡Qué lástima que lo hubiera descubierto casi con cincuenta años y no antes! Sin embargo, el pensamiento lógico y la precisión necesarias para sus estudios de ingeniería aeronáutica, sus diversas aficiones relacionadas con la construcción y su habilidad para pilotar distintos tipos de aviones hicieron que la claridad y la concentración que poseía fueran muy útiles cuando empezó a trabajar curando casas enfermas.

Para Roy, la medición supuso el puente que hacía posible que el ingeniero intelectual que había en él explorara, hasta cierto punto, los mundos sutiles. Las cosas nunca volvieron a ser iguales y se abrió ante él una nueva manera de ver el significado de la vida. Una de las consecuencias fue que empezamos a enseñar a otras personas cómo medir. Ann había dado clases particulares y a grupos de distintos tipos desde 1960, y siempre estuvo dispuesta a compartir el contenido de su «caja de herramientas» de habilidades siempre que fue necesario. De modo que cuando nos propusieron dar clases de medición, al principio en la Universidad de Estudios Psíquicos, no nos lo pensamos dos veces. Ahora que estamos los dos esperamos que nuestro punto de vista

•• Curar casas enfermas

conjunto haga que las clases sean más interesantes y amenas para los estudiantes.

Nos mudamos a Somerset en 1984 e invertimos mucho tiempo cada verano en estos cursos. Los dos tenemos la sensación de que enseñar a medir es una vía valiosa para enseñar al materialista moderno a fijarse en otros procesos de información y en los mundos sutiles.

¡Feliz medición!

Capítulo 9

Otras consideraciones

Cuando se realiza este tipo de trabajo se deben tener en cuenta una serie de consideraciones. Debe llevarse a cabo con integridad, lo que mucha gente llamaría «profesionalidad», valorando los aspectos éticos y respetando a los individuos. Esto quiere decir preocuparse por cada caso, porque la persona que ha solicitado ayuda está muy preocupada. También quiere decir que debemos aplicar lo mejor posible nuestras habilidades y nuestra atención y que debemos comunicarnos de un modo adecuado. ¡La correspondencia y las llamadas de teléfono a menudo ocupan más tiempo que la medición y la curación! Si ser profesional implica cobrar una tarifa desorbitada, nosotros no nos consideramos profesionales. Entre los curadores espirituales es costumbre, en vez de enviar una factura, pedir una donación razonable, y creemos que es una manera satisfactoria de trabajar. Aquellos que andan escasos de dinero nos envían poco (somos conscientes de que es necesario un intercambio) y los que sí que pueden lo compensan con mayores cantidades. No nos hacemos ricos, pero percibimos que nuestro servicio se valora en términos prácticos.

Confidencialidad y permiso

Otro aspecto ético importante que debe tenerse en cuenta es la confidencialidad. La medición te da acceso a todo tipo de información. ¿Es correcto husmear en los asuntos de otra persona sin su permiso? La respuesta, obviamente, es *no*, porque si no sería como leer el diario de alguien sin pedir permiso. Un ejemplo práctico sería una petición para encontrar a alguien desaparecido. Quizás esa persona no quiere que la encuentren. Supongamos que se trata de un hombre que ha abandonado a su familia y se ha ido a vivir con otra mujer. ¡No le haría mucha gracia que un medidor lo encontrara! Nuestras escasas incursiones en este terreno se limitan a una niña que se había ido de casa y una mujer joven con problemas mentales a la que habían visto subirse a un coche con un desconocido. En realidad, nuestra medición para la localización no ayudó mucho, pero en ambos casos las encontraron mientras nosotros nos concentrábamos en ellas, que es, desde el punto de vista de un curador, mucho más apropiado. No puede hacerse ninguna curación, tal y como nosotros lo entendemos, a menos que sea indicado en el esquema total de cosas, es decir, a menos que lo aprueben desde Arriba. Así, tampoco mediremos la salud de una persona o las energías de su casa a menos que tengamos su permiso.

Espacio y tiempo

En alguna ocasión nos han pedido que buscáramos un animal desaparecido, y es una petición ética pero con pocas esperanzas de éxito porque, a menos que esté atrapado en una madriguera de conejos, es muy posible que se haya ido de donde esté cuando el amo llegue al lugar que le hayamos indicado. Una posible solución sería medir y averiguar dónde estará el animal cuando lo encuentren, pero entonces se plantea la cuestión de si es ético medir algo que sucederá en el futuro. Aunque la medición nos lleva a una esfera existencial más intemporal (véase más adelante), siempre hay varias posibilidades para los acontecimientos futuros, dependiendo de lo que la gente haga entre el presente y el futuro: es un dilema sobre el destino y el libre albedrío. Puede que rastrees algo que sucederá en el futuro; por ejemplo, que alguien llegará a tu casa a una hora determinada. Entonces pincha una rueda por el camino o se pierde, después que tú has anunciado tus averiguaciones mediante medición; de modo que esa persona llega tarde y tú quedas mal delante de todos. Incluso nos ha llamado un hombre que quería apuntarse a uno de nuestros cursos para saber qué caballo ganaría las carreras: creía que sería capaz de hacer un gran negocio a costa de los corredores de apuestas. Nos negamos a enseñarle porque lo consideramos poco ético.

Para nosotros, medir es una habilidad sagrada y no debe usarse para obtener beneficios personales pidiendo recompensas razonables por la enseñanza, el tiempo y las habilidades que implica. Cuando se mide, es esencial recordar que nos estamos adentrando en un área de consciencia donde el tiempo y el espacio no son tan finitos. Si, deliberadamente, nos centramos menos en la consciencia del espacio diario, podemos detectar cosas que están sucediendo a una distancia considerable, y de ahí nuestra práctica de la medición y la curación a distancia. ¡Así nos ahorramos una gran cantidad de tiempo, energía y gasolina! Sin embargo, también implica que debemos tener mucho cuidado para definir el espacio que estamos midiendo: direcciones incompletas y mapas poco claros no sirven para nada para realizar nuestro trabajo, aunque los de Arriba no necesiten código postal.

Saltarnos el concepto del tiempo normal puede resultar un poco más complicado. A menudo vivimos experiencias subjetivas de anomalías temporales: «se detuvo el tiempo», «pareció que pasaron años», «todo sucedió muy deprisa». ¡Así que no esperes que el reloj te mantenga en una estructura finita!

Comprobar que lo que detectamos o hacemos está sucediendo ahora, o debería, es una parte esencial de nuestro cuestionario cuando rastreamos. Lo aprendimos durante una fría Semana Santa, mucho antes de empezar nuestros propios grupos de medición, cuando Ann pertenecía a un grupo de curación que se reunían en una casa llamada El Priorato, que estaba cerca de nuestra casa de Surrey. Durante la meditación inicial, un miembro del grupo solía realizar una sesión de escritura automática, obteniendo mensajes que parecía que provenían de los monjes que habían vivido allí en el pasado. La casa estaba detrás de una vieja iglesia y el supuesto de que los monjes se estaban comunicando parecía razonable, al menos era un hipótesis factible.

Un día, mientras nos reuníamos, la señora de la casa nos dijo que le gustaría mucho convertir algunos edificios anexos en un centro de medicina alternativa: hoy en día hay uno en cada esquina, pero en aquella época no había demasiados. Lo único que la frenaba era el pequeño asunto del dinero. Para sorpresa nuestra, la escritura automática nos reveló que los monjes habían escondido un tesoro en el jardín trasero de la casa, de modo que podía usarlo para su proyecto. Un miembro del grupo consiguió un detector de metales, que no funcionó, así que nos pidieron a nosotros que lo intentáramos mediante medición. Ann dibujó un diagrama del jardín adoquinado en una cuadrícula y se lo llevó a casa. Rastreamos una posición exacta, una profundidad y, para saber lo que estábamos buscando, preguntamos en qué tipo de recipiente estaba el tesoro (metal, madera, tela, etc.) y descubrimos que era de cerámica. El Viernes Santo arrancamos algunos adoquines y excavamos un agujero de 66 centímetros en el punto exacto. No encontramos nada, únicamente unos pedazos de ladrillos rotos entre la tierra removida, así que, cuando anocheció y empezó a hacer frío, nos fuimos a casa.

A la mañana siguiente volvimos al mismo lugar y descubrimos que algún gracioso había colocado un ladrillo pintado de dorado en el agujero. Seguimos investigando y descubrimos, más cerca de la casa y alejado del agujero, un conducto hecho de pequeños y delgados ladrillos en forma cuadrada, igual que los desagües de las casas muy antiguas. Los ladrillos eran exactos a los trozos que habíamos encontrado en el agujero. ¿Entonces...? En la siguiente reunión, Ann no mencionó el tesoro que no encontramos porque estaba demasiado avergonzada. Sin embargo, las escrituras nos dijeron, en el lenguaje de los monjes: «Mala suerte, lo pusimos ahí, pero se lo habrá llevado alguien desde entonces». Nunca lo sabremos, pero al parecer descubrimos el punto exacto, pero no preguntamos si el tesoro estaba allí *ahora*. De todos modos, sirvió para que aprendiéramos la lección, que es lo que importa. Años después Roy vivió un par de experiencias enfatizando nuestra habilidad para saltarnos el tiempo *normal*:

«Trabajaba en Helicópteros Westland en Yeovil. A veces también trabajaba para una de las empresas asociadas y, además, tenía un despacho el Londres. Era invierno y me iba en coche del trabajo de Yeovil cuando ya estaba oscuro. Cerca de la salida había una rotonda que normalmente bordeaba y seguía recto. Luego, había casi cinco kilómetros de carretera con un único cruce antes de la próxima rotonda. Ahí se conectaba con la A303 y yo normalmente giraba a la derecha por la

A303 hasta casa. Aquella noche había mucho tráfico en la primera rotonda, así que me detuve y esperé a que no vinieran coches para incorporarme a la circulación. Cuando giré por la rotonda, salí hacia la izquierda por la salida habitual pero, inmediatamente, me quedé muy confuso. En lugar de la carretera larga y recta de siempre, ésta giraba a la derecha y no me sonaba en absoluto. Mi primer pensamiento era que me había equivocado de salida en la rotonda. Sin embargo, conocía perfectamente esas carreteras y ésta no era una de ellas. Continué muy despacio y al cabo de unos cuantos kilómetros me vi en una zona de aparcamiento con señales que indicaban que allí iban a empezar unas obras.

»Todavía perplejo, salí del coche para mirar a mi alrededor sin tener ni la más mínima idea de dónde estaba. Miré por encima de la verja hacia una carretera con tráfico y vi una señal verde que indicaba dirección Londres a la izquierda y dirección Exeter a la derecha. Subí al coche, di media vuelta y volví por el mismo camino por donde había venido hasta que llegué a la rotonda que conectaba con la A303 y me fui dirección Londres. Inmediatamente reconocí la carretera como la que recorría siempre después de la segunda rotonda. Así que, al parecer, había entrado en la primera rotonda y había acabado la maniobra saliendo en la segunda sin ninguna sección intermedia.

»Esa transición sucedió sin ningún corte. Estaba totalmente despierto y concentrado en la conducción entre el denso tráfico. ¿Cuál es la explicación? La más fácil sería suponer que mi mente se perdió en otros pensamientos (como sucede a veces) y no registró el trayecto de casi cinco kilómetros que une las dos rotondas. Sin embargo, no fue el caso ya que tuve la radio del coche encendida todo el tiempo, sintonizando Radio 4. Justo cuando salía de la fábrica acababan la tertulia política y empezaba la información marítima. Esto indicaba que eran exactamente las 5:50 p.m. Cuando volví a la segunda rotonda para coger la A303 terminaba la información marítima y empezaba la predicción del tiempo. Esto indicaba que eran exactamente las 5:55 p.m. Por lo tanto, habían transcurrido cinco minutos entre la salida de la fábrica y la entrada en la A303. Es demasiado poco tiempo. Durante los días siguientes, mientras hacía una y otra vez el recorrido, cronometraba el trayecto entre esos dos puntos. Normalmente tardaba ocho minutos y cuarenta segundos. Además, tardaba unos tres o cuatro minutos en recorrer la distancia entre las dos rotondas. De modo que, al parecer, hay tres o cuatro minutos en mi vida de los que no me acuerdo durante los cuales recorrí instantáneamente una distancia un poco inferior a cinco kilómetros. Un fenómeno muy extraño y para el cual no tengo explicación.

»Unos meses más tarde estaba en el despacho de Londres. La empresa ocupaba dos plantas y mi oficina era una de las que estaban en la planta de abajo a las que se accedía por una puerta de cristal desde el vestíbulo. Un día iba hacia la oficina de cobros en el piso de arriba. Cuando iba a salir por la puerta, vi que un colega venía hacia mí con mucha prisa. Le abrí la puerta para que pasara y continué mi camino hacia arriba: subí las escaleras, caminé por el pasillo y entré en la oficina de cobros. Imaginaros mi sorpresa cuando me encontré al mismo colega rellenando un cheque. Cuando nos cruzamos, él no iba en dirección a la oficina de cobros y yo no me detuve durante el camino. Le pregunté cuánto rato llevaba allí y me dijo que unos minutos. Me confirmó que no me había visto cuando había subido. De modo que, al parecer, el paseo duró unos minutos más de lo habitual y yo estuve ausente durante gran parte del tiempo. Otra vez, desde mi punto de visto, la acción fue perfecta y sin ninguna discontinuidad aparente.

»¿Una explicación? No la tengo: pero te hace reflexionar sobre el concepto de tiempo y espacio. Además, me pregunto si el tiempo que me falta de la primera vez es el mismo que me sobra de la segunda.»

Protección

Otro aspecto importante es la protección del medidor. Cuando se mide, uno se *adentra* en otro estado de existencia, esfera de información o como queramos llamarlo. Es un sistema distinto con sus propias reglas que no necesariamente coinciden con las que para nosotros son normales. En este sistema existen otras energías e inteligencias que no siempre son benignas. Así que es importante que el medidor se concentre en todo momento en lo bueno y lo correcto. Así se previene que cualquier influencia o lazo negativo le afecte. Nosotros creemos que primero debemos relajar la mente, centrarnos en la *luz* y pedir permiso para adentrarnos en un tema antes de proceder a la medición.

A veces ocurre que las respuestas de la medición dan señales conflictivas o confusas. Las llamamos interferencias y las podemos comparar con las de la radio. Las señales radiofónicas pueden ser pobres debido a problemas atmosféricos o porque alguien, de manera deliberada, está interfiriendo la emisión. Cuando se mide pueden ocurrir situaciones similares. Normalmente, la solución es parar, volver a centrarnos y volver a intentarlo. Incluso puede ser prudente cerrar la sesión y retomarla otro día. Esta opción es especialmente válida cuando el medidor está cansado o ha trabajado mucho rato en una sesión. Nosotros hemos comprobado que podemos conducir una sesión de medición o de curación con garantías durante una hora o una hora y media, y menos cuando no teníamos tanta experiencia.

Existen, como mínimo, dos buenos libros sobre protección psíquica (*véase* Bibliografía y Referencias, Sección 7). Los mejores medios son aquellos que el propio individuo crea porque el ímpetu necesario sale del interior de la psique y siempre es único. Algunos de los más comunes son variaciones de la imagen de visualizar que uno mismo se pone en algún lugar rodeado de luz. Cuando nuestra hija mayor era pequeña tenía muchas pesadillas, lo que implicaba que todos nos despertábamos muchas veces por las noches. Más tarde, cuando tenía tres o cuatro años, se las arregló para meterse en una «cáscara de huevo llena de luz», y a partir de entonces todos dormimos mucho mejor. A las personas que comprenden y trabajan con el sistema humano de energías sutiles, el aura, les ayuda a sentirse más seguras si llenan esa área de luz. Una alternativa es crear una línea de luz imaginaria que rodee el cuerpo y que luego se clave hasta el centro de la tierra. Una vez un profesor sugirió bajar la persiana, pero en aquel entonces nos pareció que eso cortaba con todo y que no permitiría que la intuición o la curación funcionaran; luego nos sugirieron una variante que consistía en subir esa misma persiana desde el suelo y mirar por encima. Era un curso muy serio pero todos tuvimos una reacción muy infantil y nos dio un ataque de risa mientras nos imaginábamos metidos en un cálido saco de dormir con la cabeza dentro o fuera, según la necesidad. Así que cualquier cosa es válida, siempre que haga que te sientas protegido de cualquier peligro que pueda sucederte en este extraño territorio de la cuarta dimensión.

•• Curar casas enfermas

Mucha gente se siente protegida llevando consigo un objeto diseñado con esa finalidad. Como parte de nuestro curso, hacemos una demostración en el jardín: a un voluntario se le mide la fuerza del brazo y luego se le pide que se coloque en un lugar hundido, una pequeña zona de energía negativa que ya hemos localizado con antelación. La fuerza del brazo es notablemente menor, y todo el mundo se queda boquiabierto. ¡Sólo demostramos por qué es una mala idea quedarse demasiado tiempo en un lugar donde haya una energía terrenal negativa! Sin embargo, llegó un día que un estudiante no se vio afectado: era un chico joven y fuerte, un bombero, natural de Nueva Zelanda, y le felicitamos por ser inmune a unos efectos que estaba demostrado que afectaban a los demás. ¿Cómo lo hizo? Al principio, no lo sabía, pero después sacó del bolsillo un pequeño objeto de madera que él llamaba su Tiki y que representaba el tótem tribal de sus orígenes maorís. Dijo que se lo habían dado en su país para que lo protegiera y que nunca iba a apagar un fuego sin él. ¡Obviamente tenía una potencia considerable!

Mucha gente lleva una cruz o un cristal o un talismán personal en una cadena al cuello, con el mismo objetivo. En la práctica de la psicología transpersonal, cualquier viaje interior va acompañado de ese talismán, ya sea algo real o imaginativo en la mente de la persona. En este esquema de cosas, no sólo se utiliza para ofrecer protección, además se le puede pedir consejo en los distintos puntos del viaje interior, de modo que ayuda a la persona a acceder a su propia intuición.

Cualquier tipo de práctica de meditación indicada para *centrar* a la persona le ayudará a ser más fuerte y a centrarse más en lo que esté haciendo. Tanto si trabajamos los dos solos como en un grupo de medición y curación, siempre empezamos sentándonos todos juntos un rato en silencio para que cada uno se relaje de la actividad diaria y se centre en el objeto de la reunión. Lo volvemos a hacer si nos interrumpen o nos distraen o si el punto de concentración necesario se fragmenta.

Éste no es el lugar para una lección sobre meditación, pero no debe ser complicado ni largo acceder al objeto que necesitamos. Entre el grupo que sigue el taller inicial a menudo hay personas que jamás han intentado meditar, así que para ayudarlas a que *se introduzcan* les sugerimos que se sienten tranquilamente y que

Otras consideraciones

observen lo que las rodea, y esto funciona muy bien con los principiantes.

Existe otra parte del trabajo donde la protección es básica: cuando se trabaja sobre el terreno. Es aconsejable realizar la medición y el cuestionario *fuera* de las líneas. Esa es la razón por la que necesitamos el plano para descubrir dónde están las líneas antes de visitar el lugar. Si te colocas encima de una línea energética terrenal perjudicial, gastarás las pilas de tu vitalidad personal mucho más rápido si estás deliberadamente implicado con ella. En la analogía de dejar la luz del maletero del coche encendida, esta situación es más parecida a dejarte los faros encendidos mientras te vas de cena con los amigos. Conocíamos a un hombre que había trabajado muchos años en el campo y, en vez de cuidarse con remedios homeopáticos, murió de un ataque al corazón. Otro amigo que dedicaba todo su tiempo a trabajar en ese campo, tuvo un infarto y no se murió, pero más tarde tuvo importantes problemas psiquiátricos. Ninguno de los dos se preocupó jamás de protegerse.

Cuando Ann experimentó por primera vez los pinchazos, durante un curso con Bruce, notó un fuerte cambio de energía cuando clavaron la estaca en el suelo y se puso enferma. Bruce no estuvo nada comprensivo, porque le dijo: «Me imaginé que sucedería esto. Ahora ya has aprendido la lección y debes adoptar un método para protegerte». Al parecer, algunas lecciones son algo molestas. Sin embargo, tenía sus razones. El método de Ann es coger la fuerza del impacto con la mano e inmediatamente rascarla contra el suelo, y funciona. Cuando hacemos este tipo de trabajo sobre el terreno, advertimos a todos los que están alrededor que pueden notar el efecto y nos aseguramos que no están pisando las líneas cuando clavamos la estaca. Sin embargo, alguien tiene que aguantarla, al menos hasta que esté firme en el suelo, y alguien tiene que estar encima de la línea golpeando con el martillo. Un día llevamos a nuestro grupo de aprendices a hacer este trabajo en el campo, ya que teníamos que curar una casa que quedaba cerca de la nuestra. Como los propietarios no quisieron hacerlo, Roy clavó la estaca. Sin embargo, uno de los estudiantes se ofreció voluntario para sostenerla y se notó muy extraño, tanto que tuvimos que someterlo a una sesión de curación. El grupo empezó a discutir sobre este tema (¡una buena lección, por supuesto!) y opinaron que el chico debería de haberse colocado en la dirección del flujo energético en vez de colocarse justo detrás de la estaca.

Es cierto que existe la necesidad de desconectar, de hacer una pausa de la actitud de medición o curación después del trabajo. La mayor parte de los curadores lo hacen mediante unos rituales, básicamente basados en lavarse, sobre todo las manos. Un acupunturista nos dijo que deberíamos lavarnos hasta el antebrazo. Como es habitual, el ritual por sí solo no tiene ninguna importancia, lo que produce el efecto es la intención que se esconde detrás del gesto. Si no se tiene agua, bastará fregarse las manos con fuerza. Otras posibilidades son visualizar una ducha purificadora o una infusión de luz alrededor del cuerpo. Roy se inventó un ritual que consistía en pasar una malla (¡visualizaba una raqueta de tenis!) desde la cabeza hasta los pies que cribaba cualquiera de los aspectos negativos que acababan de suceder a su alrededor.

Visualización

La visualización es una herramienta muy útil en la curación, ya sea propia o ajena, y puede verse como un mecanismo de plegarias positivo. Ann dio clases de visualización a los pacientes, así como a los curadores del Centro de Ayuda contra el Cáncer como herramienta de autoayuda. Es una función de la parte derecha del cerebro, que da acceso a los niveles intuitivo y espiritual, y también desarrolla un papel importante en las manifestaciones psicosomáticas, tanto las perjudiciales como las beneficiosas para el individuo. Suele haber confusión entre meditación y visualización: es muy fácil diferenciarlas si piensas en la meditación como una actividad mental pasiva y en la visualización como una actividad mental activa. La meditación es receptiva, se aleja de la actividad lo máximo posible, sirviéndose de un punto de concentración como puede ser la respiración o un mantra. La visualización es activa; un enfermo de cáncer, por ejemplo, podría «ver» cómo el tumor sale de su cuerpo y hace con él lo que quiere. En estas circunstancias, el marco que crea la mente del paciente siempre es el mejor. Hemos escrito «ver» entre comillas porque no es necesario que sea una imagen visual real; es suficiente con que la persona sepa que la imagen con la que está trabajando está en su mente, no se necesitan imágenes reales. Estos dos estados mentales funcionan mejor si el cuerpo está relajado, y con esto queremos decir que los músculos deben hacer el menor esfuerzo posible. La visualización puede ser una herramienta muy poderosa, así que debemos ir con cuidado de usarla de un modo útil y ético. Si, cuando rezas por alguien, piensas en lo horrorosa que es su enfermedad o cuando te enfrentas a tus propios problemas, es muy posible que estés haciendo más mal que bien. Visualizar a esa persona feliz y con salud o que tu problema ha desaparecido será más fructífero.

La última consideración que queremos mencionar en este capítulo puede parecer un poco extraña, pero creemos que es válida. Mantén los conceptos con los que mides y los métodos que utilizas para curar lo más sencillos que puedas: cuantos más detalles, cuantos más artefactos y complicaciones intervengan en el proceso, más posibilidades tienes de equivocarte. Cuando éramos pequeños y hacíamos demasiadas preguntas nos decían «la curiosidad mató al gato», y es muy cierto que la intervención de variantes irrelevantes puede restar precisión. Sólo necesitas descubrir el mínimo de información posible para que la curación sea eficaz. No tiene sentido descubrir más, sobre todo porque es muy posible que pierdas precisión. Nuestra experiencia nos dice que la simplicidad y la concentración contribuyen a una mejor calidad del trabajo.

Capítulo 10

¿QUÉ ES LO PRÓXIMO?

Bueno, no somos videntes, así que en realidad no lo sabemos. Sin embargo, esperamos que desde Arriba nos envíen muchas más situaciones de las que podamos aprender.

Algo parece obvio: a juzgar por la cantidad de personas que nos piden ayuda, cada vez más gente es consciente de los efectos de las energías sutiles en sus vidas y en su salud.

El gráfico que mostramos a continuación muestra la evolución de las peticiones que hemos recibido durante la última década. En 1998 se produjo un aumento inusitado por la publicidad en *The Sunday Times*, pero aparte de eso las cifras aumentan año

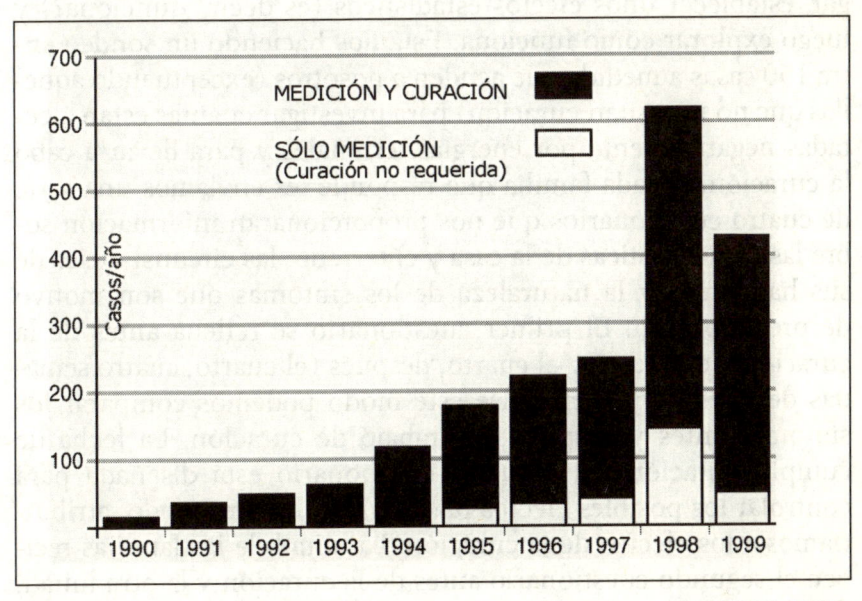

Figura 10.1.— Volumen de trabajo: número de casos por año 1990-1999.

tras año en lo que parece una curva exponencial. Esto sucede a pesar de que no nos anunciamos: la mayor parte de la gente acude a nosotros porque algún terapeuta que nos conoce o algún cliente satisfecho les ha dado nuestro teléfono. Tenemos folletos que explican nuestro trabajo a aquellos que puedan estar interesados, o que ya se han puesto en contacto con nosotros, para que sepan bien lo que están buscando antes de asumir ningún compromiso. Esperamos que nuestro grupo de alumnos, que se reúne regularmente para adquirir y mejorar las habilidades para este trabajo, produzca suficientes curadores de casas enfermas como para cubrir todas las necesidades. Nosotros estamos más cerca de los setenta que de los sesenta, de modo que no podremos estar haciendo esto siempre.

Mientras tanto, colaboramos con la Dra. Victoria Wass de la Universidad de Cardiff en un proyecto de investigación para evaluar los efectos de nuestro trabajo. En el momento de escribir este libro no tenemos datos suficientes para publicar los resultados pero las averiguaciones iniciales indican que los efectos de la curación de las energías terrenales negativas son beneficiosos.

Es la primera vez que se realiza una evaluación sistemática de este tipo sobre el trabajo de curación. El objetivo es, en primer lugar, establecer unos efectos estadísticos (es decir, ¿funciona?) y luego explorar cómo funciona. Estamos haciendo un sondeo entre 150 casas a medida que acuden a nosotros (exceptuando aquellas que no necesitan curación) para investigar cuántas están afectadas negativamente por energías terrenales y para llevar a cabo la curación. A cada familia que responde les enviamos una serie de cuatro cuestionarios que nos proporcionarán información sobre las características de la casa y el terreno, las circunstancias de sus habitantes y la naturaleza de los síntomas que son motivo de preocupación. El primer cuestionario se rellena antes de la curación y el tercero y el cuarto, después (el cuarto, cuatro semanas después del tercero). De este modo podemos comparar los síntomas antes y después del trabajo de curación. La fecha de cumplimentación del segundo cuestionario está diseñada para controlar los posibles efectos placebo que, de otro modo, atribuiríamos a los efectos de la curación. La mitad de las familias reciben el segundo cuestionario antes de la curación y la otra mitad, después. El experimento es un arma de doble filo porque ni la

¿Qué es lo próximo?

persona que responde al cuestionario ni el analista que lo lee sabe qué segundos cuestionarios se han respondido antes de la curación y cuáles después. Cada cuestionario consta de veintiséis preguntas que incluyen todos los síntomas y problemas que nos hemos encontrado a lo largo de nuestras vidas profesionales curando casas enfermas. Las preguntas aparecen en el Apéndice 3. Estas preguntas, aparte de medir cualquier mejora a consecuencia de una curación, nos permiten relacionar los síntomas con las características de la casa, las circunstancias de la casa y nuestros resultados de la medición de efectos de las energías terrenales. Cuando enviamos este libro a imprenta, ya se han analizado los tres primeros cuestionarios de las primeras cincuenta personas que han respondido. Los resultados son prometedores e indican un efecto curativo definitivo.

Le pedimos a una doctora que nos está enviando a sus clientes que calculara en porcentaje los resultados. Mide la tensión geopática con una máquina Bicom. Hasta ahora tenemos sesenta informes y hemos descubierto que todos excepto uno han sido valorados en un 90 %, o más, más limpios que antes de la curación, cuando antes iban desde el 30 hasta el 80 %.

Una kinesióloga se ofreció para realizar una prueba similar basándose en pruebas musculares. No ha podido presentarnos un informe por escrito porque tiene mucho trabajo (¡es más importante ayudar a que la gente mejore que escribir sobre ello!), pero nos ha comunicado que todas las personas que nos ha enviado (cerca de sesenta) obtienen mejores resultados en las pruebas de tensión geopática después de realizar nuestro trabajo. No puede ser tan malo. Dentro de poco esperamos poder presentar en forma de tabla algunas cifras más definitivas.

Mientras tanto, para nuestras investigaciones medimos las situaciones previas y posteriores a una curación. Preferimos puntuar sobre 12, una cifra más significativa, que puntuar sobre 10 o sobre 100. Cuando 12 es lo máximo, obtenemos puntuaciones de 9, 10 y 11 después del trabajo. Esto lo utilizamos para la suma total que, como puedes observar en el cuestionario (Apéndice 2), incluye una serie de aspectos donde recomendamos a los clientes que hagan algo por su cuenta, como colocar cristales. De modo que cuando hemos curado las líneas energéticas y medido nuestra puntuación, puede que todavía no hayan hecho lo que les hemos sugerido y la puntuación será mayor cuando lo hagan. Roy se encarga de esta parte en concreto del trabajo de medición, y no sabe cuál era la puntuación previa porque Ann no le deja ver las notas. Actualmente, las revisamos y vemos si han mejorado después de un cierto tiempo. Muchas de esas casas habían obtenido puntuaciones por debajo de cinco antes de la curación, e incluso tuvimos una que obtuvo un cero.

También estamos poniendo en práctica el concepto de puntuación por barrios, igualmente antes y después de la curación, con el apoyo de nuestro grupo de curación habitual. Nos preguntamos si nuestra intervención mejora el entorno más amplio de los lugares que nos piden que curemos o si se convertirán en faros en la oscuridad. Todavía no hemos profundizado lo suficiente como para ofrecer ningún dato, pero al menos las puntuaciones por barrios no suelen bajar después de la curación.

Nos gustaría realizar un sondeo más extenso y controlado de los pocos casos que necesitan más curación semanas o meses después. Parte de nuestros servicios posteriores a la venta incluyen medir el trabajo del año anterior a principios de cada mes y ver si alguien necesita más ayuda. Cada vez da positivo menos de un uno por cien, y en algunos de estos casos sólo hace falta recordarles a los clientes que limpien los cristales o algo por el estilo en vez de volver a curar las líneas energéticas que se han *vuelto negativas.*

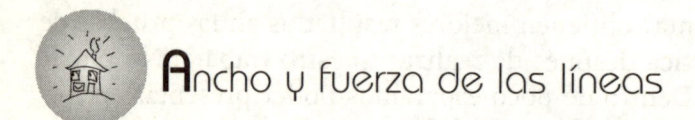

Ancho y fuerza de las líneas

Desde que empezamos a trabajar con Bruce, supusimos que el ancho de una línea estaba correlacionado con la fuerza de la misma: es decir, que el ancho se podía medir en el suelo así como en un plano, y que cuanto más ancha fuera una línea mayor sería el efecto que tendría sobre las personas que vivían o trabajaban allí. Hasta hoy no tenemos ninguna razón para cambiar esta suposición. Hemos observados que las líneas fluctúan con las fases lunares. Son más anchas con la luna llena y más estrechas con la luna nueva, igual que las mareas. Sería muy interesante realizar un estudio sobre esto, con un trabajo de medición diario,

¿Qué es lo próximo? ••

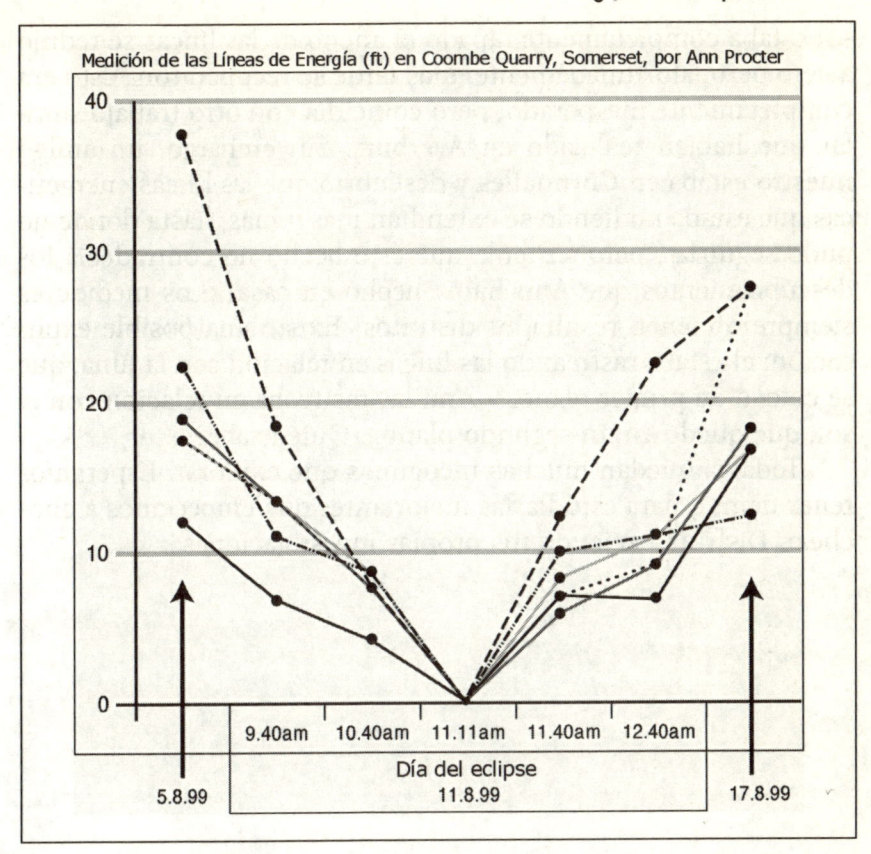

Medición de las Líneas de Energía (ft) en Coombe Quarry, Somerset, por Ann Procter

[gráfico con eje vertical de 0 a 40, eje horizontal con horas 9.40am, 10.40am, 11.11am, 11.40am, 12.40am; Día del eclipse 11.8.99; flechas en 5.8.99 y 17.8.99]

Figura 10.2.— Anchos de las líneas energéticas terrenales el día del eclipse.

para comprobar si nuestras observaciones empíricas tienen algún significado. Un colega medidor ha realizado un estudio similar sobre la fuerza de las líneas energéticas terrenales que rodean una iglesia: es mayor después de las misas (sobre todo en Semana Santa), las bodas y los funerales.

Hicimos algunas observaciones mediante medición acerca del ancho de las líneas de nuestra casa durante el período del eclipse total que tuvo lugar en agosto de 1999. Roy estaba en un barco en el Canal de la Mancha experimentando el eclipse total durante el día, pero cooperaba midiendo las siete líneas que cruzan los cuatro acres de tierra de casa seis días antes y después del acontecimiento. Durante la mañana del eclipse, Ann estuvo midiendo en casa fuera de las líneas y descubrió, alarmada, que cuando el sol estaba completamente tapado el ancho de las líneas se redujo a cero pero, afortunadamente, más tarde se recuperaron. Esto era completamente inesperado, pero coincidía con otro trabajo similar que habían realizado en Averbury. Sin embargo, un amigo nuestro estaba en Cornualles y descubrió que las líneas energéticas que estaba midiendo se extendían más y más, hasta donde no pudo seguirlas, pero sostenía que este hecho no contradecía los descubrimientos que Ann había hecho en casa. ¡Los medidores siempre obtienen resultados distintos! Existe una posible explicación: él estaba rastreando las líneas en relación con la luna, que se colocó en primer plano, y Ann las rastreaba en relación con el sol, que quedó en un segundo plano. ¿Quién sabe?

Todavía quedan muchas incógnitas que explorar. Esperamos tener tiempo para estudiarlas mejor antes que empecemos a chochear. Disfruta haciendo tus propias investigaciones.

Apéndice 1
Fuentes

Federación Nacional de Curadores Espirituales
Old Manor Farm Studio
Church Street, Sunbury-on-Thames
Middlesex TW16 6RG
Tel: 01932 783164
Fax: 01932 779648
Servicio de Atención Curativa Tel: 0891 616080
Página web: www.nfsh.org.uk
E-mail: office@nfsh.org.uk

Sociedad Británica de Medidores
Sycamore Barn, Hastingleigh
Ashford, Kent TN25 5HW
Tel/Fax: 01233 750253
Página web: www.dowsers.demon.co.uk

Grupo de Energías Terrenales de la Sociedad Británica de Medidores
Srta. Jo Cartmale
Secretaria/Tesorera
16 Woodland Walk, Billing Lane
Northampton NN3 5NS

Sociedad de Feng Shui
377 Edware Road
London W2 1BT
Tel: 07050 289 200
Página web: www.fengshuisociety.org.uk

Sociedad Americana de Medidores
101 Railroad Street, St Johnsbury
Vermont 05819 USA
Tel: (802) 748-8565 y (800) 711-9497
Fax: (802) 684-2565

•• Curar casas enfermas

Centro de Ayuda contra el Cáncer de Bristol
Grove House, Cornwallis Grove
Clifton, Bristol BS8 4PG
Tel: 0117 980 9500
Fax: 0117 923 9184
E-mail: info@bristolcancerhelp.org.uk

Universidad de Estudios Psíquicos
16 Queensberry Place
London SW7 2EB
Tel: 020 7589 3293
Fax: 020 7589 2824

Revista *Geomancy MagEzine*
Buenos artículos, información y referencias.
Página web: www.geomancy.org

Cursos de Medición y Curación de Casas Enfermas
Roy y Ann Procter
Coombe Quarry
Keinton Mandeville, cerca de Somerton
Somerset TA11 6DQ
Tel: 0148 223215
Fax: 0148 224234
Página web: www.dspace.dial.pipex.com/procter
E-mail: procter@dial.pipex.com

Red Científica y Médica
Lake House
Vann Lake Road
Ockley
Lower Dorking, Surrey RH5 5NS
Tel: 01306 710072
Fax: 01306 710073
Página web: www.cis.plym.ac.uk/SciMedNet.home.htm
E-mail: scimednetwork@compuserve.com

Apéndice 2
Cuestionario de medición

	fecha	
Primera consulta:		
Dirección de la medición:		**Nombre:**
Diagnóstico del plano:		**Dirección:**
Tratamiento:		
Comprobación nuestra:		
		Teléfono:
Comprobación del cliente:		**Ref:**
Donación:		
LÍNEAS: cantidad:		
+ve:		
-ve:		
Hundimientos adicionales:		
Fuentes adicionales:		
ENTIDADES:		**Lugar relacionado:**
		Persona relacionada:
		Útil:
		Inútil:
OBJETOS CON PODER:		**Útil:**
		Inútil:
EFECTOS PERJUDICIALES de		
Electricidad doméstica:		
Microondas internas:		
Microondas externas:		
Agua doméstica:		**Interna:**
		Externa:
Corriente de agua:		**Química:**
		Informacional:
Gases aerotransportados:		
PUNTUACIÓN SOBRE 12		
Total:		
Barrio:		
OTROS:		
Notas:		

Apéndice 3
Cuestionario usado en el proyecto de investigación

Marca con una redonda, para cada una de las condiciones que se especifican en la tabla, la cifra que se acerque más a la experiencia personal en cuestión durante la **última semana**.

Si no has experimentado tal situación, por favor marca «0» y no marques nada en esa fila.

		No experimentado	En un grado mínimo	En un grado moderado	En un grado intenso	Rara vez	Algunas veces	Bastantes veces	A menudo	Siempre
A	Falto de interés y motivación	0	1	2	3	1	2	3	4	5
B	Sufrir repetidas infecciones	0	1	2	3	1	2	3	4	5
C	Desanimado y triste	0	1	2	3	1	2	3	4	5
D	Tranquilo y pausado	0	1	2	3	1	2	3	4	5
E	Lleno de vida y vitalidad	0	1	2	3	1	2	3	4	5
F	Físicamente agotado	0	1	2	3	1	2	3	4	5
G	Mentalmente agotado	0	1	2	3	1	2	3	4	5
H	Falta de energía	0	1	2	3	1	2	3	4	5
I	Problemas con los vecinos	0	1	2	3	1	2	3	4	5
J	Preocupado por la salud	0	1	2	3	1	2	3	4	5
K	Preocupado por la casa	0	1	2	3	1	2	3	4	5
L	Feliz y contento	0	1	2	3	1	2	3	4	5
M	Problemas para dormir	0	1	2	3	1	2	3	4	5
N	Pesadillas	0	1	2	3	1	2	3	4	5
O	Sucesos extraños en casa	0	1	2	3	1	2	3	4	5
P	Problemas en el trabajo	0	1	2	3	1	2	3	4	5
Q	Optimista	0	1	2	3	1	2	3	4	5
R	Preocupado por el dinero	0	1	2	3	1	2	3	4	5
S	Incómodo en casa	0	1	2	3	1	2	3	4	5
T	Ansioso y tenso	0	1	2	3	1	2	3	4	5
U	Preocupado en general	0	1	2	3	1	2	3	4	5
V	Problemas con la instalación eléctrica	0	1	2	3	1	2	3	4	5
W	Armonía doméstica	0	1	2	3	1	2	3	4	5
X	Mal ambiente en casa	0	1	2	3	1	2	3	4	5
Y	Relaciones difíciles	0	1	2	3	1	2	3	4	5
Z	Mala suerte	0	1	2	3	1	2	3	4	5

Por favor, añade cualquier cosa que creas que pueda ser de interés.

Glosario

Aura: el cuerpo sutil que envuelve al cuerpo físico.

Chakra: centro de fuerza vital. El punto de conexión entre el cuerpo sutil y el cuerpo físico.

Corriente negra: línea energética terrenal con calidades perjudiciales. También lo usan los medidores de agua para denotar una corriente subterránea de agua no potable.

Cuarta dimensión: término coloquial para designar los niveles sutiles más allá de nuestra consciencia física.

Energía: en este libro la palabra «energía» se ha utilizado en expresiones como energía terrenal o energía de curación. (*Véase* Nota de los autores, pág. 18.)

Energía terrenal: un campo de energía terrenal generado de forma natural que se relaciona con, o surge de, la tierra como un todo.

Fuente: un punto de energía terrenal con calidades beneficiosas.

Lugar hundido: punto de energías terrenales con calidades perjudiciales.

Lugar sagrado: localización donde el velo entre lo físico y los *otros* estados del ser es menos opaco. Un lugar de energías terrenales poderosas, normalmente beneficiosas a menos que se hayan contaminado.

ME: Encefalomielitis Miálgica. Enfermedad cuyo diagnóstico es controvertido entre la comunidad de médicos; en general provoca una falta de energía, extremidades doloridas y sus-

•• Curar casas enfermas

ceptibilidad a las infecciones. Nosotros la llamamos *energías confusas* o *enfermedad de las pilas bajas*.

Objeto con poder: cualquier objeto que tenga una *energía* o asociación poderosa natural en él.

Paradigma: patrón o concepto.

Parámetro: cantidad o medida.

Psicología transpersonal: psicología con alma: reconoce la existencia de los niveles intuitivo y espiritual de la consciencia.

Sutil: en este libro denota los mundos no físicos.

Tensión geopática: término médicamente aceptado para referirse a las energías terrenales reducidas.

Trendle: parte de un lugar sagrado, generalmente utilizada para bailes especiales para aumentar las energías beneficiosas, por ejemplo el Baile de Mayo. Está situado en un punto significativo dentro del patrón de la energía terrenal.

BIBLIOGRAFÍA Y REFERENCIAS

Esta lista se ha preparado como una ayuda para profundizar más en esta materia. No siempre es útil tener una larga lista de títulos y autores, ¿cuál escoger? Por eso hemos redactado unas pequeñas notas ofreciendo nuestra opinión sobre cada libro. Lo hemos hecho para ayudarte a decidir los que quieres leer.

Los hemos dividido en secciones de interés, pero algunos no encajan completamente en cada sección. Por eso, hay secciones que coinciden en parte y los títulos que les hemos puesto sólo sirven de guía. Algunos de estos libros son especialmente recomendables y los hemos señalado así:

* Recomendable   ** Muy recomendable (¡Imprescindible!)

Sección 1: Medición
1.1. GRAVES, T., *The Dowser's Workbook*, Turnstone Press, 1976; Aquarian, 1989.
   * Un libro completo y práctico. ¡No es dogmático!
1.2. LONEGREN, S., *The Pendulum Kit*, Simon & Schuster, 1990.
   * Un libro relativamente caro pero viene con un bonito péndulo de latón. Libro útil con algunas aplicaciones interesantes explicadas con detalle.
1.3. LONEGREN, S., *The Dowsing Rod Kit*, Eddison Sadd, 1995.
   * Otro kit. Incluye un par de varillas angulares, varias estacas marcadoras, un bloc de notas y un excelente libro con contribuciones de varias personas.
1.4. LONEGREN, S., *Spiritual Dowsing*, Gothic Image, 1996.
   ** Nuestro libro de medición preferido. Es el que más se acerca a nuestra visión de la medición y a cómo la enseñamos en los cursos.
1.5. OZANIEC, N., *Dowsing for Beginners*, Hodder & Stoughton, 1994.
   Muy bueno. No es dogmático.

1.6. ROSS, T.E.; WRIGHT, R.D., *The Divining Mind*, Destiny, 1990.
* Escrito por profesores auxiliares de la Sociedad Americana de Medidores. No estamos de acuerdo con la rígida progresión de habilidades que se enseñan en este libro, pero hay algún material útil y los métodos que explican pueden servirle a alguien.
(Véanse también los apartados 7.1. y 7.2., tienen interesantes capítulos sobre medición.)

Sección 2: OTROS ESTADOS DE EXISTENCIA

Esta sección da las claves para conocer otros estados de existencia aparte de los *terrestres, físicos* que ya conocemos. Todo el mundo tiene una percepción distinta, que muy a menudo depende de sus propios sistemas de creencias. Por lo tanto, es muy útil comparar libros distintos y decidir por ti mismo con cuál te quedas.

2.1. CANNON, D., *Conversations With Nostradamus*, Ozark Mountain (vols. 1, 2 y 3), 1992.
Conversaciones directas en ambos sentidos con Nostradamus a través del tiempo. Explica qué intentó transmitir y por qué tuvo que ocultarlo de la manera que lo hizo. Realmente te hace pensar en la naturaleza del tiempo aparte la exposición fidedigna de los cuartetos por parte del autor original.

2.2. CANNON, D., *Jesus and the Essenes*, Gateway Books, 1992.
El mismo proceso que el anterior. Conversaciones con un miembro de la comunidad esenia en época de Jesús, que estudió en esa comunidad. Valiosos testigos oculares aportan datos sobre Jesús y sobre algunos acontecimientos de la época. Incluye creencias de los miembros de la comunidad e indica que los líderes religiosos han modificado el mensaje de Jesús desde entonces.

2.3. CANNON, D., *Between Death and Life*, Gateway Books, 1993.
* Aproximaciones fascinantes, obtenidas mediante regresión hipnótica, al estado de existencia entre las encarnaciones en la tierra. Se presentan varios puntos de vista desde los cuales se percibe una hilo conductor común. Dolores Cannon parece ser una excelente profesional de este campo.

2.4. JOHNSON, R.C., *The Imprisoned Splendour*, Hodder & Stoughton, 1965.
Un libro de gran influencia en nosotros. El punto de vista científico de otros estados de la consciencia.

2.5. O'SULLIVAN, T.; O'SULLIVAN, N, *Soul Rescuers: A 21st Century Guide to the Spirit World*, Thorsons, 1999.
Esta reciente publicación contiene muy buena información sobre los seres del mundo espiritual y su interacción con nuestra propia existencia física. Algunas de estas interacciones puede que no nos sirvan de nada. Los O'Sullivan han observado, en varias culturas, a menudo muy distintas a la nuestra, la actitud de las personas frente a la muerte física y las preparaciones para el próximo estado de existencia. También se describen varios casos en que los O'Sullivan han podido solucionar los problemas resultantes. Explican su método de trabajo, que a ellos les debe servir, pero que nosotros advertiríamos a otros que no lo usaran o que no lo intentaran sin que los supervise e instruya un profesor fiable y experimentado.

2.6. RICHELIEU, P., *A Soul's Journey*, Turnstone Press 1972; Aquarian, 1989.
* Relata una extraña serie de visitas de un caballero indio, de origen misterioso, que lleva al autor por unos graduados *viajes* por los planos de la existencia.

2.7. SANDYS, LADY C.; LEHMANN, R., *The Awakening Letters*, Neville Spearman (vol. 1), 1978.

2.8. SANDYS, LADY C.; LEHMANN, R., *The Awakening Letters*, C. W. Daniel (vol. 2), 1986.
* Cynthia, Lady Sandys ha canalizado estos dos libros a través de sus parientes y amigos cercanos. Conocimos a Cynthia y al padre Andrew Glazewski (uno de los que se comunica con otros mundos) y podemos dar fe de la integridad de las personas involucradas en este proyecto. El padre Andrew describe minuciosamente su propia muerte de un ataque al corazón. Ha sido muy interesante comparar su relato con los que presenciaron la escena.

2.9. TUDOR POLE, W., *Writing on the Ground*, Neville Spearman, 1968.

2.10. TUDOR POLE, W., *The Silent Road*, Neville Spearman, 1978.

2.11. Tudor Pole, W., *My Dear Alexias: Letters from Wellesley Tudor Pole to Rosamond Lehmann*, Neville Spearman, 1979.
2.12. Tudor Pole, W.; Lehmann, R., *A Man Seen Afar*, Neville Spearman, 1983.
   * Estos cuatro libros recogen todos los pensamientos del notable profeta moderno Wellesley Tudor Pole. Tratan muchos eventos significativos a lo largo de su vida. Presenta sus experiencias de un modo humilde y nada dogmático. Insiste en la idea que sólo debes aceptar aquellas cosas que a ti te parezcan bien. Los libros 2.9 y 2.12 ofrecen varias visiones *sobre el terreno* de partes de la vida de Jesús. Las ha obtenido a través de lo que él llama «memoria lejana», y son muy interesantes. La colección de cartas que se recogen en el libro 2.11, *My Dear Alexias*, permite comprender mucho mejor sus percepciones, incluyendo gran parte del desarrollo del Chalice Well Trust.
2.13. Whitton, Dr. J., *Life Between Life*, Grafton, 1987.
   * Una interesante serie de casos en que los individuos han regresado a vidas anteriores. El aspecto especial de este libro es que los individuos también describen los periodos entre vidas físicas y demuestran la relevancia de esos recuerdos en la vida terrestre.

Sección 3: Ciencia relevante

Esta sección incluye libros que intentan explicar las cosas con algún tipo de base científica organizada. Sin embargo, muchos científicos considerarían que no todos los libros de la lista son suficientemente rigurosos. No obstante, ofrecen buenas ideas para reflexionar y puede que algún día estas mismas ideas se desarrollen tanto que lleguen a aceptarse como conocimiento convencional.

3.1. Alexandersson, O., *Living Water: Viktor Schauberger and the Secrets of Natural Energy*, Gateway Books, 1990.
   Un pequeño libro fácil de leer sobre la vida y obre de Viktor Schauberger. Desarrolló interesantes teorías sobre las propiedades del agua mediante observación de los ríos de las montañas. Así llegó a descubrir la energía de implosión, un proceso de energía natural que todavía no se ha explotado adecuadamente.

Biografía y referencias

3.2. ASH, D.; HEWITT, P., *Science of the Gods*, Gateway Books, 1990. (Se ha reeditado con el título *The Vortex*.)
* Una mirada a la base de la materia. Una nueva perspectiva de la teoría de los vórtices de la naturaleza de la materia de Lord Kelvin. Los autores desarrollan este concepto sugiriendo que puede haber muchos tipos distintos de materia, dependiendo de la velocidad de movimiento de la ola de creación. Así, todo en nuestro universo material está formado por olas que viajan a velocidades inferiores a la velocidad de la luz y forman una clase de materia distinta con propiedades distintas.

3.3. BERGSMANN, O., *Risk Factor: Place, Dowsing Zone and Man*, Viena: University Publishing House Facultas, 1990.
(Estudio científico de investigación sobre las influencias en el ser humano relacionadas con el lugar. En alemán.)
Sólo tenemos una sinopsis incompleta que un amigo germanoparlante nos ha hecho, dado que todavía no existe la traducción al inglés. Es un proyecto de investigación muy completo y respetable, subvencionado por el gobierno austríaco, y en el que también han participado instituciones médicas. «Muestra sin ninguna duda la influencia negativa de las zonas de tensión geopática, o corrientes negras, sobre la salud humana» (cita del *Journal of the British Society of Dowsers*, marzo, 1993). Las investigaciones siguen su curso y nosotros las seguimos muy de cerca.

3.4. COATS, C., *Living Energies*, Gateway Books, 1996.
Una presentación global y detallada del trabajo de Schauberger, posiblemente la más completa hasta la fecha. Debemos decir que lo encontramos un poco *difícil de digerir*. Un trabajo de muchísimo valor para los que estén seriamente interesados en este tema.

3.5. COWAN, D.; GIRDLESTONE, R., *Safe as Houses? Ill-Health and Electro-Stress in the Home*, Gateway Books, 1996.
** No existen demasiados libros sobre tensión geopática y energías terrenales con los que coincidamos de un modo incondicional. Sin embargo, este libro es de lejos el mejor y más completo sobre este tema que hemos visto hasta hoy y tenemos muy pocas objeciones al contenido del libro.

3.6. HALL, A., *Water, Electricity and Health*, Hawthorn Press, 1997.

Este excelente libro expone los resultados de la investigación de Alan sobre la información de formas de vida almacenada en la microestructura del agua. Esta información es vital para todo ser viviente y se está corrompiendo, básicamente por las fuentes de electricidad y microondas creadas por el hombre. Alan describe el efecto de la corrupción de esta información y los métodos que ha desarrollado para ayudar a corregir la situación, algo que nos importa a todos.

3.7. HERTEL, H. et al., *Hidden Hazards of Microwave Cooking*, Nexus, Nº 25, abril-mayo, 1995.

Un artículo que informa sobre la investigación de Hans Hertel et al. y el posterior intento de eliminar sus descubrimientos.

3.8. MERZ, B., *Points of Cosmic Energy*, C.W. Daniel, 1987.

Encuesta muy completa sobre las líneas de energías terrenales en una gran variedad de lugares en varias partes del mundo y sobre sus efectos. El trabajo lo arruinan los grandes detalles y las fuerzas de campo numéricas que se aportan, basándose en una medición contra una escala de números (biómetro de Bovis). Las cifras son muy relativas según el medidor y no tiene un significado absoluto.

3.9. OLDFIELD, H.; COGHILL, R., *The Dark Side of the Brain*, Element Books, 1988.

Un importante libro que sugiere que los sistemas de control del cuerpo humano se basán en la electricidad y no en la química. Esta tesis se apoya en los resultados de la fotografía Kirlian y el éxito considerable que Oldfield ha obtenido con la terapia de electrocristales. Recientemente, Oldfield ha desarrollado un equipo que permite ver en vídeo el *cuerpo energético* en movimiento. Debe ser una de las herramientas de diagnóstico más importante que se ha inventado nunca.

3.10. POHL, G. H. VON, *Earth Currents: Causative Factor of Cancer and Other Diseases*, French-Verlag, 1987.

Traducción moderna del libro que se publicó en Alemania en 1932. Expone el detallado trabajo realizado por von Pohl sobre los efectos de las energías terrenales en la salud. No trata el cambio de calidad de la energía, su solución es siempre mover los muebles o mudarte de casa. Si puedes soportar su afirmación que las energías terrenales adversas son las responsables de todo, entonces ésta es una herramienta de trabajo muy valiosa.

3.11. SCHIFF, M., *The Memory of Water: Homeopathy and the Battle of Ideas in the New Sciences*, Thorsons, 1998. (Se ocupa del trabajo de Benveniste.)

Sección 4: EL SIGNIFICADO DE LA VIDA

Estos libro son, según nosotros, de gran relevancia. Han sido muy importantes para nosotros en el desarrollo de lo que esperamos sea la comprensión de la importancia de nuestra existencia y nuestra relación con el universo.

4.1. COUSINS, D., *A Handbook for Light Workers*, Barton House, 1993.
   * Libro muy útil, enseña a enfrentarte con las nuevas energías que se están manifestando en el planeta en este momento, y cómo contribuir en los desarrollos de la humanidad. Hay mucho material explicativo sobre la naturaleza de nuestra existencia y relación con otros estados del ser. El libro incluye muchas meditaciones para un gran abanico de situaciones donde sean necesarios algunos *cambios energéticos*. Mientras recomendamos sinceramente este libro, opinamos que no es necesario presentar los detalles con tanta minuciosidad como lo hace el autor. Por lo tanto, no te creas todo lo que dice, pero utilízalo para completar tu propio proceso como te parezca mejor.

4.2. MASON, P.; LAING, R., *Sai Baba, The Embodiment of Love*, Gateway Books, 1993.
   ** Este libro causó un tremendo efecto sobre Roy. Ahora cree que Sai Baba es la divinidad encarnada y que posiblemente sea *El Sucesor* que esperan los cristianos. Lo escriben dos personas de una considerable experiencia, y lo hacen con gran sinceridad. Hay otros libros sobre Sai Baba que apoyan esta teoría.

4.3. MAZZOLENI, M., *A Catholic Priest Meets Sai Baba*, Leela Press, 1993.

•• Curar casas enfermas

Este libro es la historia de la investigación sobre Sai Baba por parte de un cura romano como parte de su propia búsqueda espiritual. Llega a la conclusión, como muchos otros, de que Sai Baba es una persona excepcional y que es lo que dice ser. Por desgracia, sus descubrimientos no fueron bien recibidos por la Iglesia y lo excomulgaron.

4.4. REDFIELD, J., *The Celestine Prophecy*, Warner Books, 1993.
4.5. REDFIELD, J., *The Tenth Insight*, Bantam Books, 1996.
Estos dos libros son excelentes en historia de la formación y ayudan a cristalizar percepciones como «por qué estás donde estás». *The Tenth Insight* es la segunda parte de *The Celestine Prophesy*, pero puede leerse primero sin leer el otro libro antes.
4.6. SCHLEMMER, P.; JENKINS, P., *The Only planet of Choice: Essential Briefings from Deep Space*, Gateway Books, 1993.
(Existe una edición posterior revisada.)
** Síntesis de veinte años de conocimiento canalizado desde una fuente de muy arriba conocida como *La Novena*. ¡No te lo pierdas!

Sección 5: GEOMETRÍA SAGRADA

5.1. GRAVES, T., *Needles of Stone Revisited*, Gothic Image, 1986.
* Es una reedición del original *Needles of Stone*, publicado por Turnstone en 1978. Es un libro que hace pensar y fue uno de los primeros en hablar sobre las energías terrenales, su relación con los antiguos círculos de piedras, los dólmenes, etc., así como su efecto sobre nuestrra vida diaria actual.
5.2. MICHELL, J., *The New View Over Atlantis*, Thames & Hudson, 1983.
* Este excelente libro es una buena introducción a algunos de los principios de la geometría sagrada y sus aplicaciones visibles en la tierra y los edificios. Un buen inicio en la materia.
5.3. MILLER, H.; BROADHURST, P., *The Sun and The Serpent*, Pendragon, 1990.
Describe el viaje de medición de los autores siguiendo las líneas energéticas terrenales de *Michael y Mary* desde el sudoeste de Inglaterra hasta la costa de Norfolk.

Sección 6: CURACIÓN

Se han escrito muchos libros sobre este tema; sólo hemos incluido los que tienen un valor especial, desde nuestro punto de vista.

6.1. BAILEY, A., *Dowsing For Health*, Quantum (Foulsham), 1990.
* Cubre las aplicaciones de la medición en la salud y la curación. Lo firma uno de los expertos más reconocidos en este campo.

6.2. BENOR, Dr. D.J., *Holistic Energy Medicine and Spirituality*, Helix (vol.1), 1993.
Una rigurosa investigación sobre los estudios de curación.

6.3. BRENNAN, B. A., *Hands of Light: A Guide to Healing Through the Human Energy Field*, Bantam, 1988.
* Libro inspirador que trata de los campos energéticos del aura humana, con muchas fotografías. Sorprendentemente barato.

6.4. FEATHERSTONE, Dr. C.; FORSYTH, L., *Medical Marriage*, Findhorn Press, 1997.
Este libro contribuye a desarrollar una sociedad entre la medicina ortodoxa y la alternativa. Es muy completo porque contiene detalles acerca de más de sesenta terapias alternativas y su aplicabilidad. Están escritas por expertos en cada tema. (Nosotros contribuimos a la sección de medición.) Da muchas referencias y listas para más información. Un libro completo y valioso para los profesionales de la salud y otros.

6.5. MACMANAWAY, B., *Healing, The Energy that can Restore Health*, Thorsons, 1983.
** Un valioso y significativo libro para nosotros porque lo escribió uno de los curadores más destacados del país.

6.6. MEARES, A., *The Wealth Within*, Ashgrove, 1986.
Una obra maestra que incluye la meditación.

6.7. SIMONTON, O. C.; MATHEWS-SIMONTON, S; CREIGHTON, J., *Getting Well Again*, J. Tarcher Inc., 1978.
Fueron los pioneros en el uso de la visualización para la *autoayuda contra el cáncer*.

6.8. ST. AUBYN, L. (editor), *Healing*, Heinemann, 1983.
Varios ensayos escritos por *gente que sabe lo que dice*. Valioso por la buena bibliografía.

Sección 7: Protección psíquica
Es un tema muy importante para cualquier que se esté introduciendo en la medición, la curación, etc. Tenemos que ser conscientes de los peligros que implica abrir las puertas de otros estados de consciencia.

7.1. Bloom, W., *Psychic Protection*, Piatkus, 1997.
** Un libro fácil de leer escrito por un autor muy respetado en este campo.

7.2. Hall, J., *The Art of Psychic Protection*, Findhorn Press, 1996.
** Conocemos a Judy desde hace muchos años y hemos presenciado su trabajo, que es de primera clase en todos los sentidos.

Sección 8: Psicología

8.1. Assagioli, R., *Psychosynthesis*, Turnstone Books, 1965.
Principal trabajo sobre la psicología transpersonal y el diagrama oval.

8.2. Cade, C. M.; Coxhead, N., *The Awakened Mind*, Delacorte Press/Eleanor Friede, 1979.
Biofeedback y desarrollo de los estados de consciencia más altos.

Sección 9: Anatomía sutil

9.1. Rendel, P., *Introduction to the Chakras*, Aquarian, 1986.
Una introducción muy simple.

9.2. Roney-Dougal, Dr. S., *Where Science and Magic Meet*, Element, 1991.
Excelente revisión de los chakras del Capítulo 4.

9.3. Transley, D., *Subtle Body*, Thames & Hudson, 1977.
Revisión rigurosa y gráfica del sistema de chakras.

Sección 10: Material adicional

10.1. Lonegren, S; MacManaway, Dr. P. (editores), *Mid Atlantic Geomancy*.
Revista publicada en Internet que contiene artículos interesantes sobre medición, *misterios terrestres*, laberintos, etc. Se encuentra en la siguiente página web: www.geomancy.org.

ÍNDICE ANALÍTICO

Actividad *poltergeist*, 38, 93, 96, 115
Agua, problemas con el, 75
Anima y *Animus*, relación, 46
Árboles deformados, 31-32
Árboles enfermos 38-39
Autocuración, 58-59

Base de curación, 137 y sig.
Benveniste, Jacques, 28
Bergsmann, Dr., 27
Biómetro de Bovis, 69
Blundell, Geoffrey, 51
Bobber, 67, 149, 150
Bomba de la calefacción centralizada, 29
Broadhurst, Paul, 25

Cade, Maxwell, 51
Cambio de polaridad de la línea, 36, 102
Cambios en la atmósfera, 110, 111, 117, 120, 122, 140
Campo energético, 12-13
Canteras, 36
Centro de Ayuda contra el Cáncer de Bristol, 21, 139, 162, 172
Cerebro (derecho e izquierdo), 47
Chakras, 85 y sig.
Circuitos eléctricos en forma circular, 140
Cluster crystal, 140
Coincidencias, 56
Compartir energía, 82-83
Comportamiento perjudicial, 94, 97
Confidencialidad, 153 y sig.
Consciencia humana, 48
Consejos para terapeutas, 138 y sig.
Consideraciones psicológicas, 62 y sig.
Consumo de energía cero, 55
Consumo eléctrico, 99
Cuestión del pago, 153
Cuestionario de medición, 173
Cuestionario del proyecto de investigación, 166
Curación, 21, 79 y sig.
Curación, definición, 79
Curación, técnicas, 87
Curar con sonido, 84
Currie, red de comunicaciones, 25
Daniel, Dra. Rosy, 21
De Bono, Edward, 45
Depresión, 21

Detector de tensión, 116
Diagrama oval de Assagioli, 62-63
Distintos patrones de medición, 76

Eclipse solar, 169
Edwards, Harry, 81
Efectos de la electricidad, 140 y sig.
Efectos electromagnéticos, 140 y sig.
Elementales, 101
Emociones, 49-50
Energía y materia, 55
Energías en el agua, 28 y sig.
Energías positivas y negativas, 73
Energías terrenales negativas, 20
Energías transmutadas, 19, 20
Enfermedad psicosomática, 58
Escritura automática, 57, 155, 156
Espacio y tiempo, 154 y sig.
Espejo mental, 51
Espíritus de la naturaleza, 101
Establo enfermo, 43 y sig.
Estado de sintonización, 54
Ética, 153

Facilitada la venta de una casa, 135
Fantasmas, 38, 57
Feng-Shui, 136-137
Fenómenos paranormales, 52
Funciones del pensamiento, 46

Gas radon, 142
Gnowing, 47, 55
Gravedad y ligereza, 98
Grupo de curación, 90
Guardián de la casa, 102, 118-120, 132-133

Hall, Alan, 28-31, 75, 140
Hartmann, red de comunicación, 25
Herramientas de medición, 65 y sig.
Hipótesis de Sig, 12
Historias de curaciones de casas, 33 y sig.
Hornos microondas, 30

Incoherencia, 76
Iniciación de Roy, 33-34, 151
Insconsciente, el, 62-63
Insomnio, 19
Inspiración, 97

•• Curar casas enfermas

Intelecto e intuición, 76
Intuición, 49-50, 57, 81
Intuición, uso de la, 45
Investigación, 21 y sig.
Iona, 24, 138

Jung, Carl, 46-47

Kelvin, Lord, 53
Kilpeck, iglesia de, 24

Lección de medición, 142 y sig.
Limpieza de los cristales, 141
Líneas de Michael y Mary, 25
Líneas energéticas, clavar la estaca, 34, 35
Líneas, ancho y fuerza, 168 y sig.
Líneas, efecto de la luna, 168
Líneas, efectos emocionales en las, 135-136
Lugar favorito del gato, 127
Lugar hundido, 71

MacManaway, Bruce, 9, 11, 12, 42, 79
MacManaway, Bruce, principios de, 71
Madre Meera, 91
Marco espiritual, 79
ME, 15, 20, 175
Meares, Dr. Ainslie, 59
Medición, definición, 61
Medición de planos, 42, 74 y sig.
Medición por péndulo, 142 y sig.
Medir a distancia, 62
Meditación, 58, 162
Memoria, 57
Miller, Hamish, 25, 80

Niveles de consciencia, 48, 55, 57

O'Sullivan, Terry y Natalia, 95
Objetos con poder, 75, 99 y sig., 106, 126
Ondas cerebrales, 51

Page, Dr. Christine, 49
Pedir permiso, 153 y sig.
Péndulo, 66
Pensamiento lateral, 45
Pensamiento positivo, 58
Pérdida de energía, 161
Plegaria, 59
Plenitud potencial, 83 y sig.
Pohl, Gustav von, 21-23
Polución aerotransportada, 141
Polución de microondas, 141
Polución electromagnética, 29 y sig.
Posesión, 97

Práctica, importancia de la, 145
Preguntas, 74
Preguntas ambiguas, 146
Presencias, 21, 30, 57, 75, 93 y sig., 125
Protección psíquica, 159
Psicología transpersonal, 62

Federación Nacional de Curadores Espirituales, 81
Reducción de la energía, 24
Reencarnación, 95
Registro etéreo, 64
Relajación, 58
Remedios homeopáticos, 28
Resonancias, 54, 84
Respuestas del péndulo, 66, 144-145
Ritual de desconexión, 162
Rueda de Mager, 69

Sai Baba, 55, 91
Salto en el tiempo, 115
Sensibilidad de los animales, 30-31, 50
Ser incorpóreo, 54, 93, 97
Simonton, Carl y Stephanie, 58
Simplicidad y concentración, 163
Síndrome del gato de bruja, 50
Sistema de límites, 64
Sistema sobrecargado, 21
Sociedad Teosófica, 91, 95
Stettin, muertes por cáncer, 22
Sueño interrumpido, 131, 137, 159

Talismán de protección, 161
Teletransporte, 55
Tensión geopática, 25
Teoría del vórtice energético, 53
Teosofía, 57
Terapia contra el cáncer, 58
Thompson, sir William, 53
Trabajar en parejas, 76
Trabajo de rescate, 95
Trendles, 36
Tuberías de cobre, 41, 42

Universidad de Estudios Psíquicos, 81, 151, 172
Uso de cristales, 41

Varillas angulares, 67, 147, 149
Varillas con forma de «L», 147
Varillas con forma de «Y», 148, 149
Visualización, 58 y sig., 67, 162 y sig.
Voltímetro, 64-65

Wass, Dra. Victoria, 166

Yo Superior, 63

Índice

Agradecimientos 9
Prólogo 11
Introducción 15

Capítulo 1. ¿Qué es una «casa enferma»? 19
Capítulo 2. Algunos de los primeros casos significativos 33
Capítulo 3. Puentes entre lo sutil y lo físico 45
Capítulo 4. La medición como herramienta
             de detección y diagnóstico 61
Capítulo 5. Curación 79
Capítulo 6. Presencias 93
Capítulo 7. Historias personales 103
Capítulo 8. ¿Qué puedes hacer *tú*? 135
Capítulo 9. Otras consideraciones 153
Capítulo 10. ¿Qué es lo próximo? 165

Apéndice 1. Fuentes 171
Apéndice 2. Cuestionario de medición 173
Apéndice 3. Cuestionario usado en el proyecto
             de investigación 174

Glosario 175
Bibliografía y referencias 177
Índice analítico 187